溝通力 Communication

價值力 Value

價值力

成功企業的四大關鍵武器

解決力 Crisis Management

行銷力 Marketing

方法用對 · 事半功倍

寶成國際集團副總經理 羊曉東

企業要永續經營首重於好的企業價值與文化，而好的價值是否能被呈現則取決於是否用對方法溝通與行銷。在《價值力》這本書中，恒士用他十多年的實務與教學經驗，從價值的呈現、行銷、溝通，甚至到危機處理，用深入淺出的方式，搭配許多實際的案例，來跟大家分享。

書中第一個章節就寫到：Why Choose You？這其實很貼近現今的社會型態，當很多人仇富，埋怨的同時，其實大家應該更去思考，為何別人能，而我們不能？為何人家願意把機會給那些你看似成功的人或企業，而不願意給你。在這數位資訊快速變遷的年代，不論是人或企業，行銷與溝通往往牽一髮，動全身。沒錯！行銷與溝通很重要，但台灣許多企業，甚至大多數非消費性產業的上市櫃公司，都忽略了它的重要性，導致有許多老闆埋怨人家不懂他們公司的好，導致股價低迷；甚至於有些企業遇到危機，更因為不知如何對外發言與溝通，只能被媒體、鄉民與消費者猛K。

「方法用對 · 事半功倍」，《價值力》是一本隨時可以翻閱、回顧的工具書，當你在行銷、溝通或危機處理上遇到瓶頸時，只要隨手翻一下，相信在不同的時刻與時空環境下，你能得到不一樣的

靈感。不論你是新創企業，或是面臨企業轉型，《價值力》絕對是讓你從紅海中脫穎而出，打造一片屬於自己天空的好夥伴。

　　初認識恒士，他還是在中廣打工的「大孩子」。當時，我在中廣客串主持節目，他的負責、細心與機伶，讓我印象深刻，而這份情誼也延續下來。之後，一連串的機緣巧合，我們兩人在台北市政府、旺中媒體集團再度共事，恒士的表現，也總是讓我刮目相看。如今，他雖然已是公關領域的菁英，卻仍保持著當年的執著與熱忱。祝福並期盼，這份純真的光與熱，能隨著《價值力》的出版，散播給每一位讀者，讓大家分享！

共享恒士的衝刺與成功經驗

年代新聞台「新聞追追追」主持人 張啟楷

前幾年,突然在電視上看到 TVBS 正在訪問恒士,最近兩年,看到他受訪的頻率越來越密集,不只各新聞台爭相訪問,議題涵蓋層面也越來越廣,從新聞議題操作、公關發言、品牌行銷,擴及到媒體採購、危機處理。

五月一場聚會,他手機突然響起,是記者要電訪他 UCC 咖啡考慮進軍連鎖店,且鎖定高價位市場,當場聽他從各高檔咖啡的佔有率、定位、策略,一路談到 7-11 咖啡異軍突起,最後分析 UCC 可能成功?電訪後我跟他比了一個讚,並預約哪天開不談政治的節目,一定找他當固定來賓,因為收視率一定不錯。

當天,恒士提起很多朋友建議他把在大學教書、演講和接受訪問的內容,好好整理成一本書,並邀我寫推薦序。七月,他真的寄來初稿,拜讀後收穫良多,例如:

●不管你賣的是商品也好、個人也好,你賣的必須是價值,而不只是價格。很多人會認為他賣的是價值,但實際上最後卻淪落到價格戰。

●最重要的是:你要有一個聚焦的對象。也就是你的產品或你這個人,你到底要賣給誰或向誰推薦自己?

●溝通說穿了並不難，最重要的一點訣就是：「說＝聽！你說的必須讓其他人聽得懂。」

●重大記者會由企業最高領導人出面說明，是非常不智的。萬一失言，就沒轉圜餘地。如果只是中高階主管失言，更高的主管再出面，表面上是更正發言人錯誤，實則替公司解圍。

　　另外，書裡一再提醒，要有畫面、要吸睛，因為現在是個注意力被眾多媒體瓜分的時代，在傳播上，絕不可有絲毫平淡。還有，要製造話題的前提，是要有共鳴。

　　與恒士結緣，是十三年前我在中廣主持「中午茶：說給媽媽聽的新聞」，他擔任製作人，哪時候我剛從中國時報轉戰電視，幸好有對廣播相當熟稔的他幫忙。前幾天我到台中演講，還有一些長輩說他們很懷念這個充滿溫暖、知識的節目。

　　他是個很溫暖的人、朋友都很長久，像中午茶的來賓，很多到現在都還是我們共同的好友。前年開始，我突然在端午節、中秋節，接到恒士寄來的捐款收據。他把本來要送朋友禮物的預算改捐給弱勢團體，然後在收據上開的是朋友們的名字，大家一起做善事。

　　記得恒士剛創業的前幾年，就睡在辦公室裡，朋友們都勸他身體要緊，拼命三郎別衝過頭。恭喜他衝刺成功，近四年已經舉辦三百多場場各式法說會、業績發表會，而且多數客戶還「吃好逗相報」介紹給其他公司。最近幾年，公司蒸蒸日上，年終已經可以帶員工到歐洲、日本旅遊。祝福隨著這本新書的出版，恒士能把他多年的心得和經驗，與更多的企業共享，服務更多人。

【推薦序】

用價值找亮點 看精準做行銷

臺北市議員 許淑華

　　無論是企業、各公家機關、藝人、政治人物甚至是素人,都脫離不了行銷,學會如何行銷已成現今相當重要的課題。如何將自我或企業價值呈現?舉辦的促銷、記者會等活動其主題及目的如何清楚且明確的表達給大眾?還有常令人措手不及的危機處理,發言的秘訣等,每天都在各角落發生著,成功的關鍵是什麼?又是如何做到的?《價值力:成功企業的四大關鍵武器》將一一破解。

　　身為議員為人民服務、喉舌發聲,召開記者會、新聞採訪等常常要面對各式媒體,每次的發言都非常重要,除了要講到重點,還要注意不能被模糊焦點。有時採訪只有短短的 5-10 分鐘,要傳達的訊息如何在最短時間內說到重點,其秘訣就如同書中提及「說=聽!你說的必須講人家聽得懂的話。」簡單明瞭的講重點才算成功。

　　現今媒體天天在找新聞亮點,多元的曝光管道,從電視、平面到社群軟體,要如何呈現自我 / 企業的價值讓媒體能關注到,難度相當高。在本書提到「聚焦」及「精準的 TA」就點出主要關鍵,個人及企業應該要設定聚焦的目標及 TA,在對的管道上用對的方式;如此,才能資訊爆炸平台上,將好的創意成為亮點,達成行銷目的,還可以省下不少預算,這正是所謂的精準行銷。

認識恒士多年，常說他是拼命三郎，做任何事皆都要求完美，他常說：「要做就要做到最好，不然就不要做，寧可去玩或回家睡覺！」所以，很多事情人家的目標可能只有八十分，而他總是希望做到兩百分；他常笑說，很多事多無法盡如人意，至少這樣被人家扣一半分數後還有一百分。認識他快十年，看他從公務體系回到媒體，最後出來創業，這幾年他抓住自己的核心價值，把公司經營有聲有色，服務過的客戶也對他讚不絕口。《價值力》就是他用多年經驗集結而成的心血結晶，每一章節都有精彩的案例，精闢的見解，讓我們一起看他如何運用創意與技巧來解決各種行銷與溝通的疑難雜症，這是一本非常精彩的實務教戰手冊，希望和您一起分享。

政府效能的價值與提升

文化部影視及流行音樂發展司副司長　王志錚

政策執行的評估考量著眼點，應該在於權衡其必要性，要有非作不可的價值，才能贏得人民的認同。現代政府施政強調資源整合，與產業界聯結也主推跨界聯盟，而在行政治理方面，跨領域管理成為顯學。拜讀恒士兄新著「價值力 - 成功企業的四大關鍵武器」，深深感受到這不只是提供民間企業受用的一本書，也可以推薦給身在公門修行的公務人員參考。藉由書中的詮釋達到知己知彼的目的，甚至在日常無形中，提升自身及機關的服務品質。

捫心自問，公務人員為何需要創新改變？除了因應時代巨變之外，還有一個最主要的因素，就是「物競天擇」，這就是一個退無可退的概念。本人長期在中央及地方政府服務，曾有機會學習並擔任國會、府會聯絡及「災害管理」等特殊且特別的公務服務型態工作。明顯感受到，就連災害類型也都是多變的。舉例來看，服務於臺北市政府期間，曾親身遭逢民國 88 年 9 月 21 日的「九二一大地震」東興大樓倒塌；89 年「象神颱風」肆虐北臺灣，也造成新航空難；90 年「納莉颱風」重創臺北，捷運淹水；91 年「三三一大地震」時，興建中的臺北 101 大樓，頂樓起重機吊臂斷裂造成人員傷亡；同年，發生百年罕見重大旱象，使大臺北地區採取最嚴格的分區輪流停水；

92 年爆發「SARS」疫情，封院隔離，全臺驚恐；93 年瞬間超大豪雨造成「九一一水災」等等。雖然這些都是當時擔任臺北市政府公務員的我，所遭遇到的突發險峻考驗。時至今日，反思新政府上任後，遭遇到的各種意外狀況，在退無可退的情境之下，公務員的選擇應該是接受各項的挑戰，滿足民眾需求，平復各項議題。從政府非作不可的「價值力」切入，善用資源發揮「行銷力」，充分運用「溝通力」，作好「危機處理」工作，這四大關鍵武器，正是目前各行各業共通且需要具備的必要因素。

　　誠心推薦，希望能有一些啟發和收穫，在您細心品味和體會之中。

轟動資本市場的霹靂行銷術

霹靂國際多媒體財務長 郭宗霖

　　霹靂國際多媒體成功進入資本市場，在投資人關係及媒體關係的專業領域上，恒士一直是我亦師亦友的伙伴。我最佩服他的，就是他都能「永遠為您多想一步」。舉凡法說會、記者會、產品行銷、企業社會責任等，他總是比客戶想得更多、更遠、更好，所以我總是能很有信心的推薦這位「台灣最上鏡頭的公關行銷總監」。

　　成功的企業，價值、行銷及溝通缺一不可，價值是客戶選擇你的理由，行銷是客戶認識你的方法，溝通更是客戶接受你的關鍵。恒士在書中闡述的價值力、行銷力及溝通力，沒有束諸高閣的學理，而是落實在企業的實際方案與經驗分享。我期盼恒士這本書能為讀者帶來有效的企業行動方案。

　　根據證交所統計，104 年度及 103 年度國內上市公司召開法說會的比例僅分別為 31% 及 32%，這表示每年至少有三分之二以上的上市公司沒有公開對投資人說明公司價值與發展。公司愈少對外行銷及溝通，投資人也愈不容易了解公司的價值。所以公司的發言人，一定要能充分掌握投資人關係及媒體關係，公司愈透明，投資人就愈有信心，也更能保障股東權益。恒士近 4 年來，協助客戶舉辦 300 餘場各式法說會及業績發表會，這本書也是他多年工作心得

的分享，相信一定有助於企業以行動來落實企業價值。

　　認識恒士這些年，除了專業領域上的教學相長，更欣賞他對客戶的服務熱忱與真誠。熱忱是源源不斷的工作動力，真誠更是可長可久的普世價值。希望恒士以這本書，將複雜的專業化繁為簡，與更多好朋友分享！

集四大關鍵武器於一身

生寶生技集團公關長 王薇

　　認識恒士，是在轉戰企業公關開始接觸 IPO 相關公共事務之後，他成了我的救兵，我的導師，我的朋友。

　　同為媒體人出身，我們有相同的背景，相同的處事節奏，以及書中提到 30 秒講完重點的溝通力，共事起來一拍即合；同樣投身產業界，令我佩服的，是恒士以 20 萬的資本勇敢創業的勇氣，而且短短幾年之內迅速在財經公關界站穩一席，從一個客戶的角度觀察恒士，最重要的成功關鍵，在於書中一再強調的「真」！

　　舉例來說，在協助生寶集團旗下幾家陸續 IPO 的生技公司，他總是先想方設法幫客戶公司省錢，沒必要花的，他絕對不讓客戶花，除非客戶堅持一定要花。說實在的，一般公關公司常會在報價單上羅列許多名目及費用，倘若客戶能夠買單的項目越多，利潤空間就越大；但恒士的報價單，簡單明瞭到完全透明，你甚至會很懷疑地反問他：「那你們公司要賺什麼？」他的回答很簡單：「我賺到友誼！」試問這樣的公司，你會不推薦給其他人嗎？恒士以自己的方式建立起好口碑，為他在業界創造超強的競爭力，跟他的為人一樣，很簡單，很直率，很真誠，價值力，行銷力，溝通力一次到位！

　　恒士有別於同業的另外一點，就是毫不藏私。他總是知無不言，

言無不盡，絕對不會留一手，只怕你學不走！除了因為對於專業有絕對的自信之外，更因為這個自信來自總是能夠站在客戶的立場思考問題，也就是書中提到溝通力「說＝聽」有效溝通的精髓所在。"你不明白我的了解"是很多人常犯的溝通錯誤，問題出在沒有同理心去明白對方的了解，是不是我的明白，而且不只是口頭溝通，文書往返，簡報提案，都含括在溝通的範疇。過去在電視圈擔任新聞主播最需要練就的功力就是在 30 秒內陳述一則報導的重點，也就是俗稱的主播稿頭，如同我們讀報紙標題和第一段文稿就能掌握整則新聞的內容一樣，恒士把這個要領發揮得淋漓盡致，就連給客戶的提案也會開宗明義附上「30 秒看重點」的摘要，並且把客戶最在乎的報價直接放在摘要的最後一行，而不是隱身在密密麻麻一堆客戶不一定在乎的簡報內容最後面，因為他能夠掌握精準的 TA，滿足 TA 的需求，並解決 TA 的問題，就結果論，便是能拿到案子，成功行銷自己的價值。

　　本書提到的四個面向，除了是企業成功的關鍵，更是企業中每一個個人都應該具備的四大關鍵武器，期盼本書的出版，能以真誠感動人心，發揮真正的影響力。

各界推薦

　　恒士是一位非常熱情有活力、積極進取的年輕人，在公關行銷、媒體採購、活動企劃等方面的經歷非常豐富。他所撰寫的這本新書，一定可以為相關領域的朋友提供不同面向的思考，帶來一些激盪與新的火花。恒士加油！

國際知名打擊樂家　朱宗慶

　　在新世代快速翻轉，滾動節奏的步調中，企業家需要這本鏗鏘有力、清晰、簡潔、不囉嗦，又具整合創新思考與行銷概念的書本，當然也是手邊重要的參考工具書。

國立臺北藝術大學校長　楊其文

　　「市場行銷溝通的最佳幫手」- 精彩創意胡恒士總監善用其行銷專長，協助不同產業的企業發掘並闡述其內部「價值」，不僅僅幫助企業做好與市場的溝通與行銷，更在同時協助企業認識自己、建立起內部共同的價值觀，發揮最大的價值力。

　　「熱情、盡心」是恒士最強的專業～

京鼎精密科技董事長　劉應光

價格 vs. 價值

價格是你花了多少；價值是你得到多少。

我從 35 歲創辦瑞安大藥廠開始，最堅持的就是最高規格的品質標準。以生寶臍帶血為例，我們選用經 FDA 認可，成本比傳統試管高出 100 倍的多間隔抗凍血袋幫客戶儲存臍帶血，並且以業界最多的國際認證，確保從臍帶血從採集、儲存到移植運用皆符合國際規範，因此選擇生寶的客戶，願意付出稍微高一點的價格，得到更多的保障，這就是價值之所在。

本書在第一章節強調的價值力，等同於產品競爭力，也是企業永續發展的原動力。

生寶生技集團董事長 章修綱

從外銷國外的沙灘車，到全台第一的三輪重機，一路走來宏佳騰堅持用工藝美學造車，用高 CP 值擄獲客戶與消費者的心。恒士是宏佳騰在媒體公關上非常好的夥伴，他用心經營媒體，也幫客戶創新締造價值；一路走來，他的行事風格就如同他書中所說，持續思考如何提升價值，擴大市場，而不是壓低價格，殺價競爭。《價值力》對於企業及個人絕對是一本非常實用的工具書，希望看完這本書後，裡面的分享能夠重新啟動你的世界。

宏佳騰機車董事長 鍾杰霖

如果你還沒發現自己的價值,並且把它行銷出去,那麼你一輩子都別想成功!

行銷年代,不只是企業要做行銷、政府要做行銷,連個人行銷都相當的重要。在接受電視台的採訪時,我最常被問到的就是「關於某新聞事件,你認為這家企業為何會有這樣的行銷手法?」往往礙於新聞長度,無法長篇大論,只能歸納整理重點後,用 30-60 秒的時間講完;也正因如此,讓我一次又一次的練習如何抓住重點,在 30 秒內講出吸引人的內容。

沒錯,就是「**30 秒要講出重點!**」在這資訊爆炸的年代,如果你無法在短時間內讓你想溝通的對象對你投注目光,那接下來再多的訊息也很難引起注意。現在很多人都在講行銷,但卻忽略掉**溝通與價值的建立**;行銷的本質在於價值呈現與溝通,你要如何把好的價值,透過有效的溝通,讓大家認同,這才是行銷最重要的關鍵,行銷更不是一天到晚用 Line 在發送訊息,造成接收者的困擾。

從事媒體與行銷工作十多年,我深深體會到,沒有做不好的行銷,只有方法錯誤的溝通。要得到對方的認同,最重要的關鍵就是要講到他的心坎裡,有效解決他的問題。「有效解決」是個相當重要的關鍵,台灣的教育長期以來告訴我們是要如何解題,但卻忽略

了如何問問題。會問問題，才能問到事情的根本，也才能「有效」將問題解決。

　　十多年的工作經驗中，我在媒體、產業、公部門、學校都服務過。在媒體時，我最怕遇到邀請我去採訪但一問三不知的聯繫窗口；在產業時，我最怕遇到只會說自己的產品很厲害，但卻無法明確講出與眾不同特色的公司；在政府時，我最怕遇到腦筋僵化、自以為是，又不願與民眾站在一起的官員；在學校，我最怕遇到整天埋怨找不到好工作，但卻無一技之長的學生。有了這些經驗，讓我更深刻瞭解，不論身處哪個角色，想要成功，**用對方法溝通，樹立起自我價值，做好行銷，絕對是不二法門。**

　　除了行銷、溝通與價值呈現外，危機處理的能力更是企業不可或缺的重要關鍵，在網路發達的狀況下，天大地大都比不過鄉民最大，當企業發生危機時，如果無法好好溝通，將大事化小，小事化無，很容易在一夕之間就消滅於媒體與鄉民手中。

　　《價值力 - 成功企業的四大關鍵武器》最主要就是要讓大家看見行銷最真實的樣貌，希望這本書，能有效解決你在行銷與危機處理上所有的疑難雜症，成為你最實用的工具書，讓你不論是個人或是企業，都更容易邁向成功。

第一章：價值力

第一節：你！值多少錢？

第二節：打造你的品牌價值

第三節：超心動文案

第二章：行銷力

第三節： 一招勝利？一槍斃命？

第三章：溝通力

第一節：好溝通創造大商機

第二節：讓顧客花錢的掏心術

第三節：百倍成效的廣告投放

第四節：小技巧換百萬曝光

第四章：解決力

第一節：全身而退的危機處理

第二節： 誠實的對外溝通

第一章：

價值力

你！值多少錢？

❶ Why Choose You ？

　　根據 2015 年經濟部中小企業處創業諮詢服務中心統計，一般人創業，一年內就倒閉的機率高達 90%，而存活下來的 10% 中，又有 90% 會在五年內倒閉。也就是說，能撐過前五年的創業家，只有 1%。全台灣與整合行銷相關的公司少說也有上萬家，而**「精彩創意」有幸成為那 1%，且讓客戶持續指名的重要關鍵是什麼？**

　　同仁提案時，我一定會問一個問題：**為何人家要選擇我們？**如果我們跟其他競爭者大同小異，客戶為何要拋棄舊有的合作夥伴選擇我們？比方說承辦尾牙活動，大多數承辦尾牙的廠商都是類似的節目流程，只是表演團體換來換去，如果我們也只是這樣做：把跳舞換成唱歌、把魔術換成特技，選我們與選其他人並沒有不同，這樣客戶選我們的意義是什麼？**客戶為什麼要選擇我們，是我們在企劃每個案子時都會第一優先思考的問題。**

　　「精彩創意」是目前在資本市場上，承辦上市櫃公司業績發表會、媒體公關行銷等活動唯「三」的公司，也是唯一正統的公關公司，其他號稱是公關公司的，其實只是花店，你沒有想錯，我指的就是賣花的花店。說到這你可能覺得怪了，承辦企業業績發表會的公司怎麼會是花店呢？這有一段故事的。

　　我當年在文化大學推廣部教課，課後有位資深證券從業人員跑

來跟我說：「老師！老師！你想不想接上市櫃公司的案子？」我第一個直覺就想：「上市櫃公司不是只有奧美、聯廣這些大集團在做的，那有我們小公司的份！」因為當時我們的公司才剛起步，還是家名不經傳的新公司，自然無緣接到上市櫃企業的案件。他立刻說：「沒有、沒有，有一塊市場，我們長期一直被花店壟斷，正缺乏像你們這樣能幫企業找出價值的專業公關行銷公司。」他指的「長期被壟斷的市場」正是企業上市上櫃前的業績發表會。

因為以往舉辦這些上市櫃前的業績發表會，企業內部往往不知道該怎麼呈現價值，所以他們只做一件事，買買花、佈置場地，反正法令規定嘛，風風光光辦完業績發表會就能掛牌了。除了賣花外，其他部分也沒什麼利潤，所以這個任務最後就演變成長期交由「花店」來承辦，賣花順便佈置場地，頂多再幫忙訂場地、訂會場餐點。

當他介紹給我這塊市場與生態時，我直覺立刻想到：這樣是不對的！企業既然要上市櫃，最重要的應該是好好地呈現他的企業價值與未來願景，讓更多投資人了解他們，對於資本市場的資訊透明度與活絡度才會有幫助；怎麼能讓業績發表會（法說會）被花店搞成法會呢！

當活動獲利只有賣花，利潤極低的狀況下，很多狗屁倒灶的事情就會一一出現。例如：有不肖業者會使用回收花佈置，或是在餐點份數上動手腳。比如說客戶請他準備一百份點心，但他只叫餐廳出八十份，二十份的錢就塞進了自己口袋，諸如此類的小伎倆不勝枚舉。因為當一個承辦公司獲利只在賣花上打轉時，想得到多一些獲利就只能不斷壓低成本，甚至走上歪路，最後就變成惡性循環。

於是我們就再深入一層思考，既然我們不賣花，那別人找我們，我們該怎麼做？如果我們跟別人一樣只是送送花、做佈置、訂場地，那客戶為什麼要選擇我們？跟別人做一樣的事，我們是從來不做的。後來我們怎麼做呢？我們決定將當時千篇一律的業績發表會當成產業界的話題盛事來辦，從新聞操作、媒體公關、視覺設計、活動策劃做一個整合式的大型行銷策展，為我們的客戶創造更高的價值。

老實說，承辦業績發表會真的賺不了什麼錢，尤其我們還做出許多超乎客戶期待的事，一場下來可能忙了兩三個月，還賺不到十萬塊。對一家公司來說，忙了兩三個月才賺不到十萬塊，真的是筆不划算的生意呀！但為什麼我們還要這樣做呢？其實原因很簡單，說白了就是在「做口碑」。如果我們可以透過業績發表會把客戶的價值呈現出來，無形之中也讓整個業界看到我們的價值。即使我們現在賺得很少，我將之視為一種廣告費。

因為這市場相對封閉，如果我們辦得很好，未來客戶再回頭找我們的機會就非常大，那時可就不只是業績發表會了，可能是承辦各種大型活動、可能是整年度的媒體公關等等，這才是我們長期真正要做的。而當老客戶、新客戶都主動來找我們時，我們等於是減少了很多開發的時間，我們便又有更多的時間能把客戶服務好，讓口碑持續擴散，成為一個正向的循環。這也是為什麼我們從 2011 年進到這個市場才兩年左右，我們就拿下了 30%的市占率，到了 2016 年甚至直逼過半。即便如此，我們每一個案子仍堅守服務的品質，同一天只接一場活動，這也是我一向堅持對客戶負責任的態度。

　　能在短短幾年的時間，奪下這麼高的市佔率，而且可以持續穩定成長，只因為我們找出了跟花店不一樣的差異，花店只會賣花，甚至不肖業者還會想東想西拐你的錢。但我們一直跟客戶說，你只需要一些簡單的花做一些佈置，但是人家為什麼要買你的股票？絕對不是因為你的花！人家買股票，不是買你現在的價格，而是買你未來的價值。

　　當企業把價值呈現出來的時候，市場的接受度與認同度就會提高。這也是在資本市場上每一家公司都需要去創造的。如果你花一樣的錢，你可以把價值做出來，讓大家更去了解你，你為什麼不做呢？也因為越來越多客戶體認到這個概念的重要，現在才有越來越多企業懂得在業績發表會上要把公司價值做出來的認知。一家公司的價值在哪裡？要如何呈現？用最簡單的方式讓人家明白且認同，這就是我們的核心價值所在；也是各大上市櫃企業總是指名選擇我們的原因。

　　第一節我們先從「**為何選擇你**」來談起。我們必須思考，我們的核心價值在哪？除了做到基本的 60 分以外，我們要如何幫客戶做到 100 分？從公司價值再導回個人價值，為何老闆需要你？為何團隊需要你？老闆要花錢請你來，甚至高薪請你來，你身上有什麼是老闆需要的？你可以給老闆什麼？這就是你必須要思考的，你個人的價值到底在哪裡？

　　Why choose you？別人憑什麼要選擇你，你絕對要是最清楚的人！

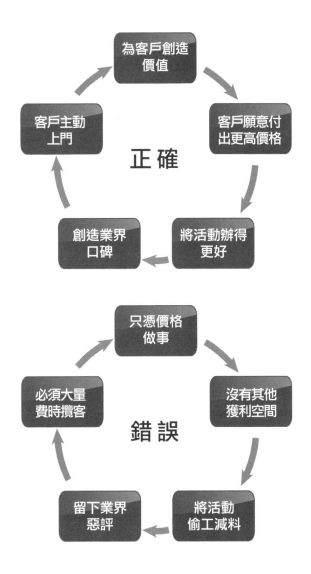

❷ 你賣的是價值還是價格？

很多人都說經濟不景氣東西不好賣、很多畢業生會覺得自己的薪水非常低，這同樣回歸到我們上一節一直談的，你的價值到底是什麼？既然本章是價值力，我一開始想先問大家一個問題，不管從產品而言、個人而言，**你想帶給人的是價值還是價格？**我開宗明義告訴大家，不管你賣的是商品也好、個人也好，**你賣的必須是價值，而不只是價格**。重點是，很多人會認為他賣的是價值，但實際上最後卻淪落到價格戰。

比方說，你開了間服飾店，你覺得你賣的衣服很有「價值」，但有天你隔壁的服飾店貼出一個打八折的優惠看板，客人都跑去隔壁了，喚也喚不回來，無奈之下你只好打出七五折，跟隔壁搶客人，還送贈品。請問，**你認為的「價值」去哪裡了？**但我們反過來看，為什麼 GORE-TEX、Superdry 的衣服可以賣這麼貴？雖然他們都屬於中高價位的服飾，往往一件外套上萬起跳，但他們的衣服還是深受消費者的喜愛，即使不算便宜，大家還是願意購買，這就是因為他們**真正把「價值」做出來了，才能遠離價格的競爭**。

很多人就像我剛剛說的服飾店老闆。他們都會說：「我賣的是價值！」這時我都會反問：**「請問你的價值是什麼？」**這問題就讓很多人都答不出來了。那你呢？這問題，你也可以想想，你自己其實就是一個產品，你的價值是什麼？許多人喜歡買星巴克周邊商品，他們買的其實就是星巴克這個**品牌的價值**。我自己也很喜歡蒐集星巴克的馬克杯，很多朋友會說：「杯子上那些城市浮雕不是看

起來都大同小異嗎？」對，沒錯，它們是大同小異，但這些馬克杯在蒐集的過程中，每一個杯子都有一段它的回憶與故事，加上品牌的加值，其實，它的價值就已經彰顯了。

所以終極來說，到底價值是什麼呢？不管是個人還是產品，**價值說穿了，就是一份認同感**。當你在跟別人講述你的產品有多好時，事實上，你就是在**取得認同**。各種提升價值的做法，其實就是在**提升別人心中對你的認同度**；當你有了認同，價值自然就浮現了。

❸ 便宜不再是絕對

現在許多人在消費時，價格已是其次，最重要的其實是看「付出去的錢有沒有價值」。如果你一切只以價格為考量，最終一定會陷入可怕的價格戰。試問，你的價格有比別人低嗎？**你的價格會是全市場最低的嗎？**所以說，價格戰絕不是你該陷入的地方。你也可以看到許多案例，當陷入產品陷入價格戰之後，不斷削價的產品，品質只會越來越差。

像之前的黑心食用油案例，即便外裝上寫著義大利進口頂級冷壓初榨橄欖油，但當產品無法彰顯其價值時，最後只好又回到價格戰，最終演變成不斷偷工減料，甚至變成黑心原料。而品質差的**產品哪怕包裝得再好，最終也會被人發現**，得不償失。

因為這樣的案例層出不窮，現在越來越多消費者，在選購商品時，不再只看價格、只求便宜，而是會多了價值考量。在選購食品上，普遍給人們安心品質保證的廠商，如義美、光泉的食品，即便

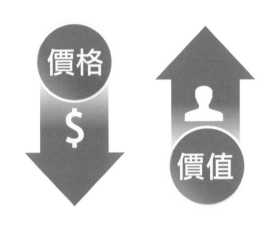

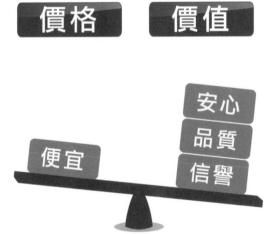

價格相對較高，也仍會獲得消費者的青睞。只要彰顯了價值，不管是商品的價格再高、或是個人要求的待遇再好，**只要讓人覺得物有所值，人們也絕對願意接受的**。

❹ 再貴都有人排隊

臺北市 2016 年全新開幕的美 x 飯店 - 彩匯餐廳 buffet 號稱是「史上最貴的 buffet」，一客要價兩千多塊，但有人去預約，竟然還要排到兩個月之後！這證明了**不是貴就一定不賣、便宜就一定會賣**，要回歸到消費者認為你有沒有這個價值。然而，當四個月後他們取消了龍蝦、帝王蟹等高級食材吃到飽後，業績立刻一落千丈，因為在消費者心中便會感覺這就「沒有價值」了。

另一個例子是電動汽車很貴我們都知道，但我身邊就有位朋友訂了一台還沒上市的特斯拉（Tesla） Model 3 電動車，付了一千元美金當訂金，預計在 2017 年底全球才會陸續交車。你沒看錯，從付訂金到牽車還要等上超過二十個月，一台要價上百萬的車子，為什麼人家願意花大錢又花時間等，正是因為買的人覺得它有那個價值，這時價格與時間就不再是考量。

因此，在整個行銷策略或產品定位上，第一要務就是**將價值做出來，才能創造更高的價格**。價格雖然重要，但價值更是關鍵。

❺ 你會跟誰買？你要賣給誰？

初步釐清價值的基本概念後，我們要接著從品牌的價值談起。每個品牌會有各自不同的定位與價值，大家可以試想自己分別對於星巴克與 CoCo 茶飲的印象。CoCo 茶飲給人的印象就是手搖杯，那怕它一杯大杯冰拿鐵只賣 50 塊，很多人還是願意去買一杯 120 塊的星巴克拿鐵，更別提每逢星巴克買一送一時的排隊盛況。

試想一下，當星巴克買一送一時，你正想喝咖啡，兩家店比鄰而居，你會走進哪一家店？我在課堂上問過很多學員，幾乎都是星巴克大獲全勝。為什麼半價後仍然比較貴的星巴克，會賣得比 CoCo 茶飲好這麼多？原因就在「咖啡」品牌的價值上，群眾是較為認同星巴克的。

但反過來，如果今天我要喝一杯紅茶或綠茶時，許多人可能就會想要去 CoCo 茶飲，不單只是因為它平價，比 CoCo 茶飲便宜的茶飲選擇還很多，但許多人還是喜歡去 CoCo 茶飲，因為它在「茶飲」品牌上已經做出價值。

所以我們常在講的產品定位也好、市場定位也好，你要如何去定位出你的價值所在，最重要的就是：**你要有一個聚焦的對象**。也就是你的產品或你這個人，你到底要賣給誰或向誰推薦自己？**在不同的目標對象面前，就會產生不同的價值。**

簡單舉例來說，林書豪在 NBA 打球，年薪可以高達七千萬台幣，但如果他突然改去踢足球，還能拿到同樣的薪資嗎？肯定是不行的，因為他的能力必須擺在籃球界才有價值。這就是我說的：「**價**

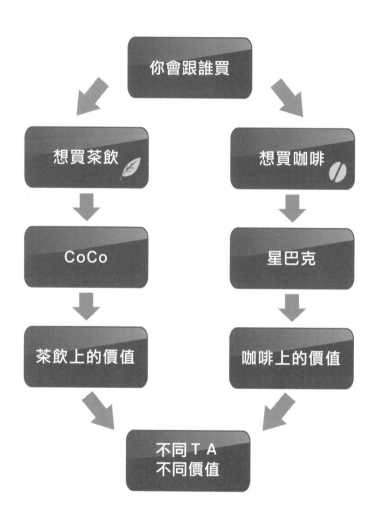

你會跟誰買

想買茶飲

想買咖啡

CoCo

星巴克

茶飲上的價值

咖啡上的價值

不同ＴＡ
不同價值

值會隨目標對象而改變。」在你要定位產品、創造價值之前，首先別忘了搞清楚你要推薦給誰！

❻ 產品定位 STP 理論

上一節「價值隨對象變動」的觀念其實就是請你做好「定位」的工作，具體該如何運用呢？在構思產品定位時，我會推薦大家可以嘗試 STP 法，所謂的 STP 即為：

Segmentation （區隔市場）

Target （選定目標市場）

Position （市場定位）

當你想創造價值時，你要先做好產品定位；想要訂出產品定位，就必須先做出市場定位。因為，**這世上沒有任何一個單一產品，是能讓所有消費者都買單的。**

A. 市場定位

舉例來說：市面上有那麼多的面紙產品，有的比較粗糙、有的比較細緻，但粗面紙也有它的目標市場，像加油站的贈品就不需要採購太好的面紙，這就是粗面紙的市場。STP 的應用上我們可以先細分出不同的面紙市場（Segmentation 區隔市場），並且選定要進攻加油站的面紙贈品（Target 選定目標市場），最後一步就是針對這市場生產合適的產品（Position 市場定位），也就是粗糙卻便宜，適合贈送的面紙。

同樣我們來看濕紙巾，有的加入特殊香氣、有的含有酒精殺菌成份，但若是用在嬰兒身上，我們可能就會選擇完全無添加的無菌純水濕紙巾。當我們選定了嬰兒用為目標市場，這時市場定位與該生產什麼產品就顯而易見了。所以當我們想進行產品定位，**首先要先區隔出你的市場，不同的市場需要不同的產品，進行市場定位之後再訂出更細的產品定位**。

B. 產品定位

再舉個靠成功的產品定位爆紅的實例。開飲料店，你會用什麼來滿足消費者呢？連鎖茶飲店「大苑子」為什麼可以紅起來？它同樣是賣手搖茶飲，但它的獨特之處就在於它強調所有飲品中所含的果汁，都是新鮮現榨的。因為這幾年來民眾的健康養生意識逐漸抬頭，越來越喜歡天然新鮮的食品，大苑子的飲品也因此廣被消費者認同。保證新鮮現榨的果汁，就是大苑子的產品定位。

大苑子就是很明確的例子幫我們區分「市場定位」與「產品定位」，賣給重視天然健康飲品的消費者是它的市場定位，而它針對「市場定位」端出的「產品定位」（解決方案）就是保證新鮮現榨的果汁，明確的產品定位果然讓它一砲而紅。

再幫你整理一下：

市場定位：

指企業**對目標消費者或目標消費者市場的選擇**。也就是你想賣怎樣的產品，給哪一種市場的消費者。

產品定位：

指企業用**「什麼樣的產品」來滿足目標消費者或目標消費市場的需求**。也就是你針對選定的目標客群，端出能解決問題或滿足需求的商品。

創造價值之前，你必須先定位市場、定位產品，才會產生價值。STP 理論會是一個很好的運用工具！

❼ 品牌定位七大步驟

從「產品定位」順勢延伸。我們再將視野拉高，談談從產品研發的過程中，如何同時定位出品牌的位置。具體上有七個步驟：

步驟一：了解自身的優勢

第一個要找出自己的優勢，為什麼這樣說呢？我看過很多案例，廠商的產品、概念其實都很好，但那不是它的獨特專業。當做的事情沒有獨特專業，就沒有面對競爭的絕對優勢。如果你在競爭中沒有絕對優勢，也就不會產生自身獨有的價值，當然也不會形成品牌。當產品沒有價值或彰顯不出價值，最終就會淪落到之前提到的價格紅海，落入惡性循環。因此，了解自身的優勢、找出與眾不同的優勢，絕對是品牌定位的第一步！

步驟二：找出主要目標對象

第二，你要找到自己的目標對象，你的目標對象到底是誰？還記得前面說過：「**價值會隨目標對象而改變。**」如果你沒有先確定你

的目標對象，你又如何能決定自己該朝什麼方向發展價值？就像出發卻沒有方向一樣，終究會迷航在市場大海之中。因此，在了解自身優勢後，便要確立自己將瞄準哪塊市場！

步驟三：發掘需求

第三，緊接著要去發掘目標對象的需求是什麼？他們需要被解決的問題是什麼？很多廠商其實有找到目標對象，但是找不到需求，或者說**沒有找到深層的需求**。當你對目標對象的需求模糊，你也容易打造出「失準」的錯誤產品。最後甚至淪為盲從，只是看到別人賣什麼自己就賣什麼。運氣好跟對人，可能只是賺得不多，撿撿領航者賺剩的利潤。萬一不幸跟錯人，那可能就像之前的蛋塔店熱潮一樣，一連串地開，隨即又一連串地關，在投資失利中哀嚎。

步驟四：產品本身與目標對象需求的連結

當確定了目標對象的需求，我們接著該做的便是增強產品與目標對象需求的連結。我們該怎麼做呢？簡單來說，便是提出一個能**「滿足需求、解決問題」**的產品。當你的產品是因應「目標對象的需求」而生，能解決困擾他們的問題。這便是將「產品」與「目標對象需求」做了最強力的連結。你的產品能滿足目標對象的什麼需求？解決什麼問題？是這個步驟要去思考的。

步驟五：定調核心優勢

知名服飾品牌 GORE-TEX，大部分的人對它的印象是什麼呢？不

外乎是防潑水、保暖防風。一講到 GORE-TEX，這就個印象就會浮現在消費者的腦海。因為這就是它的產品本身的核心優勢。從上個步驟延伸，我們選定了想要解決的問題，可能不只一個。但我們找出一個最該被重視的，同時我們也有絕對優勢來解決這個問題，這個優勢就會成為我們的核心優勢。有了能**有效解決對象最關鍵問題的核心優勢**，品牌便會緊跟著誕生了！

步驟六：品牌產生

　　品牌有很多不同的解釋，但白話一點來說，什麼是品牌？就是**目標對象在想要滿足需求時會想到你的產品或服務**。當我們提出的產品或服務總能有效解決目標對象的問題，不管是直接的使用者，或者是間接受到口碑推廣的潛在使用者，長久下來就會形成一種印象，如同一想到防潑水、保暖防風的外套就會想到 GORE-TEX，這就形成了品牌。**品牌產生，其實就源於良好的「解決問題、滿足需求」的經驗。**

步驟七：產品產生

　　當你確知你的品牌就是為了**解決特定群眾的特定需求**而誕生，在選擇製造產品時也就有了明確的核心價值與施力方向，你才有辦法提出效果良好、受眾明確的好產品。有了這樣的產品不斷幫客戶解決問題，長久下來自然產生了品牌印象，成為客戶選擇時的優先選項，這就是**明確的品牌定位帶來的正向循環**。

　　很多人習慣從既有的商機中找該商機的優勢，但正確的做法應該是**從自己優勢中發掘商機**。比方說前面提到的蛋塔店熱潮，當時一窩風的加盟主都跑去賣蛋塔，因為他們只看到既有熱賣的商機，但他們並沒有核心技術，技術都掌握在別人手裡，自然也不會有絕對優勢。同時他們沒有想過市場，當人人跟風，蛋塔店一家一家地開，市場需求已經過度飽和，最後也只能一家一家地收。因此，在想要發展品牌之前，一定要先有一個**自身的獨特優勢**。先有了獨特優勢，才能再做後續市場、需求、產品與品牌的延伸。

⑧ 產品定位六大策略

　　從價值、市場、產品、品牌一路看下來，相信大家對於「產品該如何定位」應該相當清楚了，本節進一步要教大家，在實戰上常見的六種定位產品的方式：

1. 產品的重要特色來定位

　　前面提過的連鎖茶飲店「大苑子」主打的果汁產品，「保證新鮮現榨」就是它們系列產品重要特色，以此來定位就是很明確的例子。

2. 定位於利益、問題解答或滿足消費者需要

　　上一節提到的知名服飾 GORE-TEX 便是這方法的代表者，它們聚焦在解決濕寒環境穿著者的使用問題，因此保暖、防寒功能也延伸成為該品牌產品的獨特定位。

品牌定位七大步驟

· 了解自身的優勢

· 找出主要目標對象

· 發掘需求

· 產品本身與目標對象需求的連結

· 定調核心優勢

· 品牌產生

· 產品產生

3. 以使用者來定位

同樣的，因為 GORE-TEX 布料的優勢即為防水、防風、透氣。最初這項優勢延伸之產品其實是專為極地環境工作者、戶外活動者、登山者等量身打造的，是到後來才變成日常服飾。針對特定群眾來研發產品，即為使用者定位。

4. 以特定的使用時機定位

延續上面，即便不是專業的戶外活動用戶，一般民眾只要有登山計畫的人、近期想去寒帶國家的遊客、或是適逢寒流雨季等類似時機，消費者都會優先想到 GORE-TEX。這便是從「使用時機」連結至「產品」

5. 以對抗競爭者來定位

如 Adidas 與 Nike 之爭、Benz 與 BMW 之爭，當市場上可以找到強大的對手，從他們的優劣勢中分析找自己的定位，與他們匹敵，也是相當明確的做法。

6. 以不同的產品類別來定位

最後還可用不同的產品類別來定位，同樣都是飲料店、有人強調現榨果汁、有人強調高品質牛奶、有人主打熬煮黑糖粉圓，運用產品細分也是很常見的產品定位法。

以上的定位方法，並非全部都要用到，你必須思考你現在的產

品適合用什麼方法來找出定位？而定位最大目的還是要**創造出產品的差異化**，有了差異化之後，定位才會浮現。

❾ 從三輪車談產品價值

要談產品的價值，我從一張文宣向大家說明。我很喜歡宏佳騰這份三輪機車的廣告，它精準地傳達了三輪機車的核心價值。可以看到在文宣上它寫著：買機車你可能會考量到油耗？可能會考量到重量體積？可能會考量到售價？但是**這些考量都沒有行車安全來得重要**。

這文宣高明之處就在直接點出了消費者在選購機車時的種種考量，這些考量甚至是不利於三輪機車，但文宣最後一段卻托出了一個三輪機車的**絕對優勢**——行車安全。

在駕駛人的生命安全面前，油耗、重量體積、售價是不是感覺就不再是選購的優先考量了？注重安全的消費者，自然就會被這項產品吸引。

因此，當你想打造產品、行銷產品時，務必要先找到「產品價值」的所在，它就像是一個正確的施力點，唯有找到它，在正確的位置上施力，你才能勢如破竹地前進。

❿ 產品定價四大策略

市場、品牌、價值都談完了，最後就是要幫產品定價了，產品

你！值多少錢？

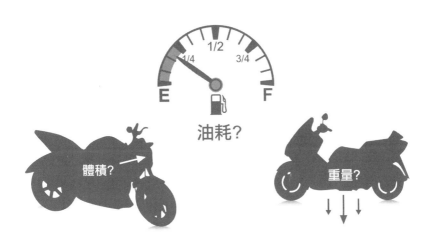

油耗？

體積？

重量？

售價？

還有更多的考量？

雖然我們都盡量顧慮到了

但這些都沒有行車安全來的重要

在安全面前就跟浮雲一樣...

在定價上有四種常見的策略，分別是：

策略 1：高價積極策略

如名牌精品 LV、HERMÈS。在行銷活動中強調高價形象，訴求消費者認知品牌高貴性和高品質。

策略 2：高價消極策略

價格雖高，卻是強調產品的特色與尊榮感，不刻意強調價格，訴求消費者對於品牌價值的認知。如：Benz、BMW，一向帶給人們成功人士的象徵。

策略 3：低價積極策略

以低價為主的競爭策略，主打價廉但物美，吸引重視價格、精打細算的客戶。如家樂福、大潤發、全聯、全國電子等平價賣場。

策略 4：低價消極策略

雖然是低價競爭，但不強調產品低價形象的策略，降低消費者誤解產品品質低劣的風險，如十元商品店。相對地顧客在此購物對於品質也有較大的寬容。

另外，在製造商品時，也有一個可注意的訣竅，就是不一定要一次把所有最好的功能與條件都展現出來，階級式的差異化，可以讓你用更少的成本，創造出更大的產品價值，贏得獲利。例如「智

慧型手機」每代的系列作往往只有一點點的差異，效能上的提升可能在製造端的成本只差幾塊美金，但到消費者手上卻差了上千元台幣，製造商經由這樣慢慢釋出效能提升，促使消費者不斷購買新機，這種分多次收割的做法，也是一種產品定價小技巧。

在確定產品價值、產品定位之後，我們可用這四個面向為產品定價。

本章節我們談到了，你到底值多少錢？從價格到價值，再到產品定位，接下來，我們便要講品牌價值的打造，也就是思考，為什麼消費者要選擇你？

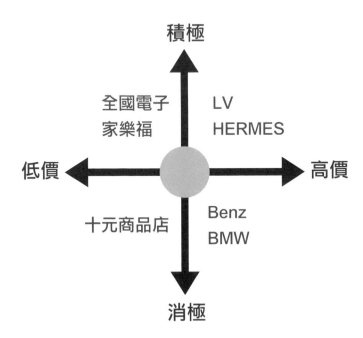

打造你的品牌價值

⓫ 創造價值五大要素

還記得第一個章節，我就問了大家一個大哉問，到底為什麼要選擇你？消費者為什麼要選擇你？老闆為什麼要選擇你？市場為什麼要選擇你？你有沒有想過，你到底重要在哪裡？**你必須夠重要，別人才會選擇你**。提升自己的重要性，就是本節要講的：創造價值。

1. 核心能力的差異化

先前提過市場上只有三家公司在承辦業績發表會，但你知道做財經類媒體公關服務的有幾家公司嗎？真正穩定經營的也只有三家。而精彩創意是唯一兩塊都有專業經營的公司，而且都有相當亮眼的成績。

另外兩個財經類公關公司都是記者出身，對於活動操作並不在行。而專辦業績發表會的花店則不會做新聞操作，連寫新聞稿都無法。我自己本身從新聞媒體出身，也辦過很多大大小小的活動，大從臺北市的跨年晚會，小到在僅在會議室舉辦的媒體茶敘，媒體溝通與活動辦理都是我擅長的，就是這樣的**差異化核心競爭力**，讓我們比起其他公司與眾不同，使來找我們的客戶越來越多，我們也靠這項差異化能力讓客戶對我們的服務總是讚不絕口。

2. 產品的品質

從事服務業最重要的就是服務品質，但我們還是多少會遇到一些不得不推掉的專案，例如：活動撞期、客戶砍價砍到服務沒品質，當我因為這些狀況推掉客戶的專案時，多數的客戶日後有活動的時候，還是願意回來找我們，因為他理解到我們堅持品質的原因。

我常講，一個東西哪怕賣得多貴、包裝得多好，**只要品質不好，全都前功盡棄**。我曾經在 06 年紅衫軍倒扁時接了一個公關案，幫某個特展作開幕的記者會，當時所有的媒體都去拍紅衫軍了，但我透過一些議題創造，還是成功讓電視與平面媒體來了十幾家。乍看之下媒體邀約很成功，但後來媒體普遍給予負面的評價，原因就出在品質。

活動原定上午開展，但由於主辦單位佈展不及，開展當天，展場到下午還在施工，後續一些荒腔走板的事更無須再提，活動品質可想而知，所以這活動我的確成功創造了大量曝光，但只要去過一次的人都知道，這活動爛死了，票房自然後繼無力，無人再去。這就是產品品質的重要性，越好的包裝行銷，就必須有**越好的產品品質，才能成為長賣、熱銷的商品**。

3. 產品的實用性

實用性大家很好理解，就是一個產品是否有用、好用、能解決問題。但我這裡的實用性不單指狹義的實用性，而是有更廣的意涵。比方說一些高檔精品的實用性，有些人可能覺得精品並不實用，但對一些貴婦來說，穿戴 HERMÈS 能讓她們覺得自己的身價被彰顯

了，這是因為對她們來說穿戴精品能有效滿足她們的社交需求，這也是一種實用性。產品價值創造一部分來自於產品的實用性，有些是實質上的實用，有些則是無形價值上的實用，兩種同樣重要。

4. 產品的稀有性

每當農曆年時，大家都會去搶福袋，為什麼要去搶？因為它稀有限量，所以增加了它的價值。但並不是人人都適合做限量，如果你的品牌不夠大，產品基本銷量本身就不多了，你做限量要幹嘛？如果你是大品牌，在稀有性的操作上，你則要去思考，你的限量品特色在哪？

假設小品牌真的要進行限量操作，本身話題一定要夠。比方說福袋，裡面的東西有些也不是很好，但買的民眾往往是為了搏一個機會，幾百元的福袋有機會抽到五、六十萬的車子，給人以小搏大的感覺，這就是有話題性的限量商品。

5. 產品的認同感

最後回到認同感，前面都是比較理性的要素，而認同感則是比較感性的要素。認同感來自於哪裡？可能是**有效解決問題的經驗、可能是由習慣累積的情感**，造就了不可取代的認同。當你被蚊蟲咬你會想到什麼藥膏？當你想喝咖啡會想到哪個品牌？是什麼原因讓你想到它們？是什麼原因讓你認同它們？由自己的經驗去找出原因並運用，是創造認同感最有效的方法。

以上五點都是創造產品或個人價值的好方法，應該設法讓每一項都能滿足，**創造自己或產品的不可取代性！**

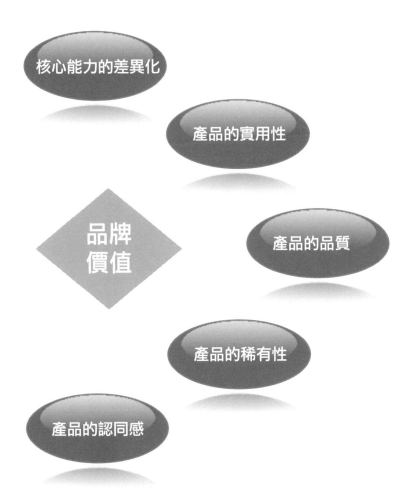

⑫ 試著寫出你的核心價值

常常我們找不到自己真正的核心價值，或是我們認為的核心價值可能跟團隊、消費者的認知不同，這時我們可以試試看，拿出一張紙，寫下你覺得產品的核心價值在那裏？除了你自己寫之外，你也可以請你的團隊寫你們的產品核心價值在哪裡？甚至你讓客戶、消費者來寫出，他們認為你的核心價值在哪裡？

寫出來後三張答案去比對，看這三張有沒有一樣。依據我們的實驗，九成都是不一樣的，這代表什麼？代表公司老闆、高階主管、消費者想的都是不一樣的。這也是為什麼真正知名有價值的品牌那麼少的原因，因為大多數的產品核心價值並沒有完全被看見，老闆想的不是執行主管認為的、主管執行的預期又不是消費者感受到的。

照理講這三者應要接近一致，**三者一致的核心價值，產品才推得動，**這是一個簡單而有效的方法，快找個機會試試吧！

⑬ 增加品牌價值三大原則

上一節創造價值的要素若說是「核心」，本節則是綜合「運用」。要增加品牌價值由上而下有三大原則：

1. 樹立明確產品定位

我一直在講一件事，**世界上沒有任何產品可以賣給所有人，**我們遇到過太多客戶說他的產品可以賣給所有人，這有可能嗎？哪怕

寫出核心價值

拿出一張紙

寫出你認為產品的核心價值

讓團隊寫出你產品的核心價值

讓別人寫出你產品的核心價值

三方比對，看看你的核心價值
是否被完全看見

是衛生紙，也有分粗細；哪怕是牙膏也有分亮白的、抗敏感的，那些自稱能賣給所有人的產品，其實都是**定位不清**。你沒把你的產品定位搞清楚，你的產品就沒有人會買。

2. 不斷追求超越需求

你要去不斷了解客戶的需求，**搶先滿足消費者的需求，甚至於創造消費者的需求**。最早的牙膏只是清潔用途，後來加入了美白、加了抗敏感、加入了強化琺瑯質，越來越多需求被牙膏廠商主動滿足，這就是不斷追求超越客戶的需求的典型案例。

3. 虛實媒體整合宣傳

以往行銷主要都是透過傳統的媒體，如電視報紙媒體，或民眾的口耳相傳。但現在網路發達，如何做 O2O（Online To Offline）的宣傳，由線上帶動線下的虛實整合。或是一些新的宣傳方式，如體驗行銷（Experiential Marketing）等，這都是在這個新媒體盛行的時代，我們要持續更新的。

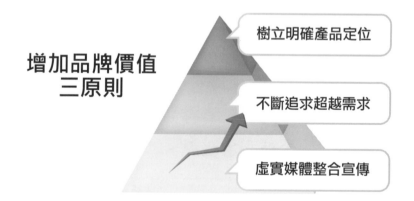

增加品牌價值三原則

- 樹立明確產品定位
- 不斷追求超越需求
- 虛實媒體整合宣傳

⓮ 品牌印象與消費者決策過程

　　要理解品牌印象對於消費者的影響，我們可以從消費者消費的決策過程來看品牌介入的效果。如果少了品牌印象，會是怎樣的決策過程，讓我們以衛生紙為例：

　　動機－你發現家中衛生紙快用完了。

　　考慮－你開始考慮要不要買？

　　尋找－你去某通路去尋找衛生紙。

　　選擇－你在各品牌衛生紙中選擇。

　　購買－你購買了其中一牌的衛生紙。

　　經驗－這次購買的使用經驗會影響你下次的選擇。

　　以上是當消費者心中沒有特定「品牌印象」時的決策過程，但是隨著現在媒體資訊的發達，接觸到廣告的機會變多，決策過程也有了轉變，同樣以衛生紙為例。

　　動機－你發現家中衛生紙快用完了。

　　考慮－你開始考慮要不要買？

　　尋找－你去某通路去尋找衛生紙。

　　品牌印象－有好印象的衛生紙品牌會成為你的優先選項。

　　選擇－你選擇了**有好印象的衛生紙品牌**。

　　購買－你購買了**有好印象的衛生紙品牌**。

　　經驗－這次購買的使用經驗會影響你下次的選擇。

決策過程的改變

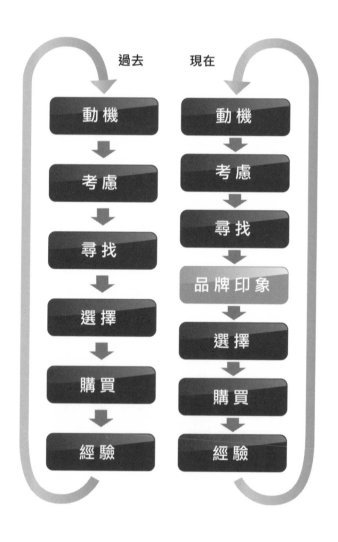

　　由此可知在消費者決策過程中加入品牌印象非常重要，一旦讓消費者有了好印象，他們選擇你的機會才會提升，因此**「持續曝光」**更顯得重要。像 LV、HERMÈS 這些精品，即便當月它們沒有特定活動，它們依然每個月都會下廣告曝光，加深大家對它們品牌的印象。

　　尤其現在網路發達，大家習慣上網找評價，如果你的產品或品牌**被搜索時能在第一頁被網友看見**，而且幾乎都是正評，這是相當重要的決勝關鍵，加深網友對品牌的好印象，下次當他們有需求時，自然會想到你，然而現在媒體的宣傳管道太多了，你如果沒有持續加深自己在客戶心中的品牌印象，很容易就在客戶心中消失不見。客戶就會轉向購買他們最近有印象的產品。

　　所以品牌耕耘千萬不能偷懶。除了要有好品質讓消費者願意回購，還要有持續的曝光，讓消費者下次選擇時還記得你，不然很多時候消費者其實是**喜新「忘」舊**，不是他討厭你，他只是忘了你的存在。

⓯ 潛力品牌成長五大要素

　　在談過價值如何被創造、品牌價值如何增加、品牌印象如何影響決策之後，本節最後要談那些快速成長的潛力品牌都有哪些要素，我歸納出了五點：

1. 洞悉產業，找出不同於競品的特色

　　運動品牌 Under Armour 為什麼近年市佔率與知名度能快速攀

升？因為它知道做球鞋比不過 Nike、Adidas，所以它轉而從運動機能服進攻，專注於改善產品舒適度，一下子 UA 便在功能性運動服市場搶下近 80% 的市占率，最終 UA 更於 2014 年擠下 Adidas，成為全美第二大運動品牌。而 UA 在 2013 年慧眼簽下了 NBA 球星 Stephen Curry，隨著 Curry 2015、2016 連續兩年的優異表現，更為 UA 帶進 140 億美元的商業效益。

2. 符合潮流，抓緊 TA 的需求／創造需求，引領風潮

在「品牌定位」一節我已詳談了瞭解目標客群需求的重要性，但**需求的熱潮是會轉變的**。現在流行慢跑，所以慢跑鞋、慢跑機能服、慢跑穿戴配件隨之熱銷，緊貼著潮流也是快速成長的關鍵。如果不能在最快的時間內跟上潮流、或者若不願跟隨潮流，也許可以反其道思考，你能不能創造潮流，也就是接下來要說的——「開拓」。

3. 開拓商機，掌握新興市場的消費能量

最常聽到的比喻就是：去非洲賣鞋子對不對？有的人會覺得說，非洲人根本不穿鞋，去那裡賣鞋子根本沒有市場。而有的人卻覺得，正因為**非洲人都不穿鞋，所以潛在商機非常龐大**！對一個新品牌來說，對市場商機的敏銳度、搶先大膽投入的勇氣、創造新興市場的消費能量，三者將是決定一個新品牌能否快速成長的關鍵要素。

4. 定位產品，精準定位產品價值與特色

如我之前在增加品牌價值中提過到：**「沒有產品可以賣給所有人。」**當你的產品定位不清，你的產品就無法突出特色優勢；沒有特色優勢，產品也就無法產生獨有的價值。品牌要快速成長，有明確而清楚的產品定位是最基本的要素。

5. 擴大市場，為更多族群量身訂做產品

當你前面四點都已經達成，最後成長方式便是擴大你的市場，為更大的族群量身訂作商品。然而擴大族群固然重要，但仍要**鞏固好你的核心技術，也就是所謂的「固本創新」**。SONY 當初從音響打響品牌到轉投入生產筆電，經營了十幾年的筆電市場，為什麼最後到 2014 年還是決定出售筆電事業，宣告失敗，完全退出市場呢？

正因為筆電並不是 SONY 核心技術所在！當你想擴大市場、轉投入新領域時，你便必須與專門經營該領域的品牌競爭，短期內客戶可能因你的品牌知名度願意試用，但萬一你沒有這方面獨到的核心技術，你必然無法真正將客戶留住，最終也只會是白忙一場，徒勞無功。

在本章完整說明完「品牌價值的打造」之後，下一章我們就來介紹，在創造價值、推薦行銷的時候，一定要會的文案技巧！

潛力品牌成長五大要素

 洞悉產業，找出不同於競品的特色

 符合潮流，抓緊TA的需求創造需求，引領風潮

 開拓商機，掌握新興市場的消費能量

 定位產品，精準定位產品價值與特色

 擴大市場，為更多族群量身訂做產品

超心動文案

⓰ 好文案五大原則

有了產品後，下一步便要寫文案，到底怎樣才算好文案呢？我常用一句話說明：你要**「簡單」**、**「明瞭」**地寫到**「目標對象」**的**心坎裡**！

我常跟大家分享，你若問我什麼是好新聞稿、什麼是好文案？我會請你先問問你自己，假設你今天讀到這篇新聞稿或這篇文案，你自己會不會想去參加這樣的活動？你自己有沒有意願要買這個產品？如果你自己對於這樣的內容都沒有心動、沒有引起你的注意，你又怎會奢望吸引到別人的注意呢！所以接下來我便分享我長期歸納下來，好文案的五大規則：

1. 簡單說明特色

好文案的第一要點，一定要「簡單」說明特色，重點在**簡單且能清楚說明特色**。有些人會把文案長篇大論寫滿一整張紙，說真的，現在有多少人會願意去看這麼多的文字。在這習慣視覺溝通的時代，越簡短且能點出特色的文案，才是好文案！

2. 點出解決方案

特色點出後，怎麼幫你的目標族群解決它們的問題，這是好文案

一定要呈現的，能明確幫你的目標族群解決問題，才會引起對方閱讀的興趣。

3. 不用絕對後悔

在文案中加入一些情緒上的煽動，讓讀者產生錯過會後悔的感覺，例如：限時、限量、最後機會、甚至是危機感。促使讀者在閱讀後行動，這絕對是每個文案的終極目標。

4. 字少圖多

在這視覺化溝通的時代，一張好的圖片勝過千言萬語，現在好的文案都會建議將圖片的比例拉高，用圖片代替文字向讀者說明，一張精美的圖片先天上也比文字更容易搶走讀者的目光。

5. 完美下標

當你上面的條件都達成時，最後你的文案還需要一個簡短而完美的標題，這標題最好簡潔、明瞭、有趣、有畫面感、甚至聳動，能搶先引起讀者注意，才能為整個文案畫龍點睛！一般來說，先看完標題，才會接著看內文，但在這注意力缺乏、閱讀短促的時代，我會建議大家應該做到，**即使讀者只看到你的標題，沒有看到內文，人家也知道你在講什麼**，這會是更安全的做法。

在介紹完好文案的五大規則後，讓我們來看看實際的例子吧。

好文案五大原則

簡單說明特色

點出解決方案

完美下標

字少圖多

不用絕對後悔

⑰ 圖解說明好文案

好的視覺是能夠立刻吸引目光，並讓人看圖說故事，範例中的圖直接告訴你為什麼我們需要三輪機車？因為每年台灣死於交通事故的超過 1000 人，其中六成都是機車族群，所以安全應該是你購車時最優先的考量。

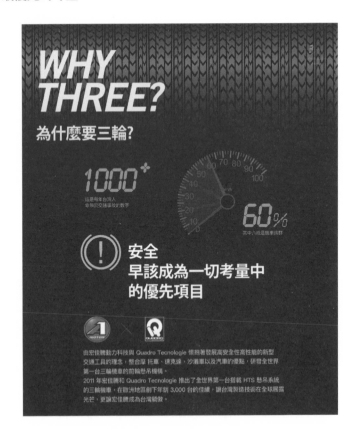

　　這篇文案很清楚點出了三輪機車的特色在哪裡？三輪機車能解決什麼問題？用大大的數字突顯死亡車禍的可怕，營造一種不用會後悔，安全最重要的印象，字並不多，而且即便我們不去看裡面的小字，光看各小標，這篇文案的主題已一目了然，這就是一篇很棒的文案範例。

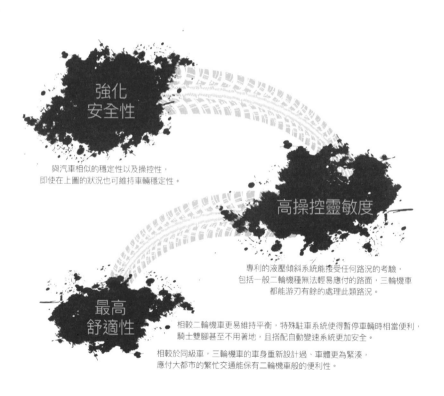

強化
安全性

與汽車相似的穩定性以及操控性，
即使在上圖的狀況也可維持車輪穩定性。

高操控靈敏度

專利的液壓傾斜系統能接受任何路況的考驗，
包括一般二輪機種無法輕易應付的路面，三輪機車
都能游刃有餘的處理此類路況。

最高
舒適性

相較二輪機車更易維持平衡，特殊駐車系統使得暫停車輛時相當便利，
騎士雙腳甚至不用著地，且搭配自動變速系統更加安全。

相較於同級車，三輪機車的車身重新設計過、車體更為緊湊，
應付大都市的繁忙交通能保有二輪機車般的便利性。

歷久不衰的價值

⓲ 讓有力人士幫你行銷

前面三章從「價值」、「品牌」、「文案」一一說明，有心法理論、有經驗技術、也有範例分析。「價值力」的最後一章，我要談談有沒有什麼辦法讓價值歷久不衰。我想請你先想一想，你覺得精品為什麼要賣這麼貴？精品賣的是什麼？

世界知名的精品 LV 你認為它的產品材質是什麼呢？大多數人一定都以為是真皮的吧！其實 LV 大多數的產品並不是真皮，而是油畫帆布配上人工合成皮，最經典的棋盤格系列，大多只有包包的提把是真皮。這時候你一定想罵，我花這麼多錢，買到的竟然只是合成皮！但 LV 偏偏就是賣得這麼貴，而且還一堆人搶著買。

其實所有精品都一樣，你要光用成本去計算它的售價是沒有意義的，越高檔的精品，它們的意義往往都已經從金錢層面提升到精神層面。如果皇室用過的 LV，你買了不也代表你跟皇室的地位是一樣的，像這樣能為自己帶來身價提升，就是人們買精品的價值。

當你的品牌想要擁有歷久不衰的價值，其中一個好方法就是讓有影響力的人為你的產品背書，尤其你的產品越高檔，越需要有名人幫你的產品黃袍加身，創造一種身分地位的象徵，才能讓消費者願意花大錢購買那無形的品牌價值。

⑲ 讓消費者幫你行銷

　　當你有好產品，又有黃袍加身，價值就會越來越高，甚至連消費者也會幫你行銷。假設今天我要賣東西，我勢必要去買廣告，我要付錢才會有人幫我推廣。但為什麼有這麼多人都願意免費幫 Nike 打廣告呢？假設今天有兩件一模一樣的衣服，只差在一個有 Nike 的勾勾商標，一個沒有，而沒有勾勾的那件價格便宜一百元，現在你要選一件購買，我想大多人都會買有勾勾的那件，即便貴了一百元，大家還是願意為勾勾多花一點錢。

　　這是因為 Nike 已經成功營造了一種品牌象徵，可能是穿上了就好像很會打球、可能是穿上了就成為該運動項目的死忠粉絲，當很多人都願意穿，滿街勾勾商標，這就是在幫 Nike 打廣告，他不只沒付你錢，你還付他錢呢！這就是一些品牌價值可以歷久不衰的原因。價值是長時間的品質累積出來的，當一定程度的累積後，消費者每次使用其實就是間接幫你的產品做行銷，讓你的聲勢保持不墜。

黃袍加身行銷術

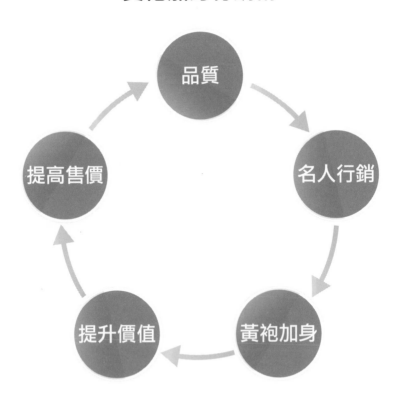

⑳ 讓仿冒品幫你行銷

我曾在東南亞的一個國際知名觀光場所的商品部裡，看到它裡面販賣著 LV 的名片夾，令人咋舌的是，一個 LV 名片夾折合台幣只需要約一千塊。稍微有一點概念的人都知道，那絕不是 LV 會出現的價格，也就是說，在這個國際知名的觀光場所，竟然明目張膽地賣著假貨。

但你可以思考，在這具有指標性的地方，賣著 LV 的假貨，LV 有可能不知道嗎？我認為官方必然是知道的。唱片圈有句話：「如果你發唱片沒有被盜版，那表示你不夠紅。」仿冒品也是，LV 會抓，但不會把它完全消滅。如果仿冒品全都掃光了，想買的民眾沒有平價的盜版可買，也等於間接減少一堆人在幫他做行銷，這對品牌也不一定是好事！

你可以試想，因為民眾買不起真品，所以才會去買假貨，滿足一下虛榮心，但這也代表了他對這品牌是有所期待的。而當他有一天買得起真品的時候，你想他會不會去買個真品一圓多年的美夢？我想肯定是會的。

其實，仿冒品某種程度也是價值的呈現，如果你的產品沒價值，人家還不想仿冒呢！有人仿冒 LV、有人仿冒 HERMÈS，但你有聽過有人仿冒 UNIQLO 嗎？因此當你發現你的產品被人仿冒時，不必太氣憤，換個角度想，這代表你的品牌夠有價值，而且它也正在幫你行銷呢！

價值小叮嚀

品牌價值保鮮五法

本書第一部分「價值力」，我們從價值與價格談起，到市場與產品定位，再到產品價值與定價，先為大家的觀念打好基礎。再延伸到提升品牌價值、品牌影響消費者決策、品牌快速成長要素，教各位打造一個有高度的品牌價值。

有了產品與品牌後，一份好的文案將可以幫你擄獲目標對象的心，我們也在第三章為你歸納了好文案的規則，並舉實例說明，助你寫出超心動文案。最後再用數個歷久不衰的經典品牌，說明當你累積出品牌價值後，三種能讓聲勢更上層樓的方法。

每個章節都緊密相連，請各位在運用時也務必記得全盤考量，不該獨立分割擬訂策略，才能將「價值力」發揮最大的成效。價值力最後的叮嚀，我為大家歸納出了五個讓品牌能長期保鮮的方法，也等於是價值力的重點總整理：

1. 品質佳

在「價值與價格」與「創造價值」都提到品質的重要，品質一但出了問題，所有的努力都等於前功盡棄。品質是品牌的命脈，品牌價值要保鮮，首要便是堅守住產品的品質。

2. 持續曝光

消費者每天接觸太多資訊，如果你不常常提醒消費者你的存在，他就會漸漸把你遺忘，下次有需求時便會轉向其他競爭者的懷抱。所以持續曝光，就是在消費者心中留下品牌印象，讓他牢牢記住你。

3. 引領潮流

當你對市場商機有足夠的敏銳度，也有搶先大膽投入的勇氣，你也許就能從一個跟隨者變身為領導者。也唯有不斷走在消費者的需求前面，搶先滿足需求，才能讓消費者緊緊追隨著你。

4. 品牌印象深刻

看到勾勾就知道是 Nike、看到三條斜線就知道是 Adidas，因為他們的品牌讓人非常深刻，這也是每個品牌都該努力的。讓消費者看到你的商標就知道你是誰，甚至快速連結到你的核心優勢；當他有問題要解決時，立刻就會想到你。

5. 在核心價值上不斷創新

品牌必須不斷創新，但仍要站在自己的核心價值上。很多企業就是亂投資非自己專業領域的事業，因而導致一落千丈。例如綜藝天王投資 LED，雖然大膽創新，但這終究不是他的專長，最後只能失利收場。但相對的，在他的專業領域上，他的眼光果然是無人能敵，天王周杰倫正是他慧眼提攜出來的！由此可知，同樣是投資，是不是自己的專業，結果可是會有天壤之別！

最後我想講一個例子為價值力做總結。

中華職棒二十多年來，許多球隊被賣來賣去，而你會發現被賣掉的球隊一定會改名字。然而在 2013 年中信買下了兄弟象隊時，只是將隊名改成中信兄弟象。這是為什麼呢？因為中信的高層很聰明，「兄弟象」這三個字就代表了強烈的品牌價值，從職棒元年到 24 年，兄弟象早已養出了一群死忠象迷，哪怕是歷經多次假球風暴，這群黃衫軍依舊不離不棄。

職棒 26 年中信兄弟與 Lamigo 桃猿總冠軍打到第七場輸了，若是其他球隊的球迷可能只會默默散場，但那天晚上全場象迷即使輸了，還是留下來一起唱歌，約定好明年還要再回來，有這樣一群死忠粉絲，這就是品牌價值的最高境界啊。

當你的品牌有價值，即便被買走也不會把你名字換掉，因為對方買的不只是產品或技術，而是**長期累積下來，不可取代的品牌價值！**

品牌價值保鮮秘訣

 品質佳

 持續曝光

 引領潮流

 品牌印象深刻

 在核心價值上不斷創新

第二章：

行銷力

30 秒搞懂行銷

㉑ 何謂行銷－行銷的先決條件

很多人都在講行銷，但，到底行銷是什麼？怎麼樣做才是有效的行銷？我先分享兩位大師對行銷的見解。

歐洲行銷之父夏代爾說：「關係」與「溝通」是行銷兩個重要的議題。商研院董事長徐重仁說：「行銷最終追求的是顧客最高的滿意度、站在顧客的立場、融入顧客的情境，所有的一切都得歸於顧客的價值。」

注意到了嗎？兩位大師對於行銷的共通觀點都放在「顧客」身上，夏代爾說的「關係」與「溝通」當然是指與「顧客」之間的連結；而徐重仁則說一切最高指導原則皆以「顧客」為依歸。所以要談行銷，我們必須先知道，行銷的一切操作方式都是以目標顧客（TA）為核心發展，確認 TA 是執行行銷的基礎先決條件。也因此，很多人都說做行銷要先找到 TA，可是我覺得找到 TA 還不夠，應該是要找到「精準的 TA」。

人家常說買房子最重要的就是：Location、Location、Location（地段）。而回到行銷，最重要的就是：**精準的 TA、精準的 TA、精準的 TA**。因為很重要，所以說 3 遍。我常聽很多人說：「我的產品沒有 TA 的限制。」宣稱它能賣給各種不同的客群，幾乎所有人都對它有需求。在此我必須再次強調：「**這世界上沒有任何商品，是**

可以賣給任何人的。」所謂的「無 TA 限制」往往都是定位不清的產品！在討論如何行銷之前，請大家務必要將這道理記在心裡。

TA 很重要，「精準」的 TA 更是行銷成功的關鍵要素！

❷❷ 行銷 VS 推銷

本章的名稱叫「30 秒搞懂行銷」。有人會說怎麼可能 30 秒就搞懂行銷嘛，我不相信！沒關係，我先來告訴大家，行銷跟推銷不一樣在哪裡？瞭解兩者關鍵性的差異後，你也能立刻搞懂什麼是行銷。

保險業務員就是一個很深刻的案例，很多人可能不知道保單的重要性，也許要出社會一陣子後，或者等到結婚有小孩才能理解保單的必要。我自己就幫我三歲的女兒保了一年須繳 2 萬多元的醫療險。有的人可能會覺得：「花這麼多錢有必要嗎？」但保險其實就是預防意外。像我女兒一歲多的時候，有次肺炎住院，四天就花了 2 萬多塊。也是那次讓我深深感覺到保險的重要，這便是為什麼她這麼小我就為她保了完善的醫療險。

因為當時我體認到保險很重要，所以我便直接找了我的業務員說：「我要買保險。」注意喔！是我主動找上業務員買保險，跟過去業務員拿著保單推給我說：「你女兒出生啦，要不要買保險啊？」這兩者是截然不同的。這中間的差異在哪呢？在我還沒有想買之前，我會覺得業務員在**強迫我接受一個我不要的產品**；但在我主動想買之後，我會覺得**業務員身上有我需要的產品**。

感受到兩種情況的差異了吧！很多人都把「行銷」跟「推銷」搞混了。**行銷，你會把他需要的東西賣給他**；推銷，則是不斷說服你接受你不一定需要的東西。這就兩者的關鍵差別。

我們試想一下，假設賣靈骨塔的業務對你說：「先生小姐買個塔吧，順便幫你爸媽買起來，以後大家可以住一起，多好啊！」也許他沒有什麼惡意，但你聽到一定會想罵髒話，因為你不覺得你需要它。可是你看近幾年殯葬業開始轉型，像是龍巖、萬安它們的廣告不再是死板的直接推銷，而是拐個彎開始大打溫馨牌，一部比一部感人。更重要的是，他們廣告的共通點都是讓消費者感受到：生前契約是需要的，而不是被強迫的。

所以行銷說穿了，其實就是廠商跟消費者各取所需，我要把一個東西行銷給你，我的需求是什麼？是賣東西賺錢嘛！你的需求是什麼？想要解決問題嘛！

所以**當我的東西可以成功幫你解決問題**，我就賺到了錢，你也解決了問題，雙方都得到自己要的，這就是各取所需。簡單來說，行銷就是滿足精準 TA 的需求或解決他的問題。

請你念念看，**「行銷就是滿足精準 TA 的需求並解決他的問題」**，念這段話需要花幾秒？不到 30 秒吧！所以請你將這句話牢牢記住，這就是行銷的最高心法！

㉓ 行銷的過程 VS 推銷的過程

上一節講了行銷與推銷的關鍵差異，接著讓我們來分析兩者與

客戶的接觸過程有何不同。

【推銷的過程】
A. 亂槍打鳥逼消費者看到某產品／事件
B. 多半產生反感
C. 拒絕＋對產品不好的回憶

　　最實際的例子，大家可以回憶一下有沒有在鬧區裡遇上愛心商品推銷的經驗，他們都在路上隨機找人，賣的東西各不相同，如：餅乾、面紙、口香糖、原子筆等。雖然他們可能都是較為弱勢、需要幫助的人，可是他們卻是在推給我們一些「我們不需要」的東西，接著便會造成顧客的壓力，最後甚至某些怕麻煩的人遠遠看到他們就會繞開，這就是不良推銷造成的後果。

【行銷的過程】
A. 讓目標群眾看到某產品／事件
B. 產生興趣
C. 消費行為或參與活動

　　行銷應該是一開始就有清楚的目標對象，你所要做的只是將對的產品放在對的人面前，自然可以勾起消費者的興趣，進而使他們主動行動，像這樣既不強迫又有效的方式，才是我們該學的。更多的經典行銷案例，我將在後面章節逐一介紹。

各取所需

推銷

滿足需求

強迫接受

行銷

㉔ 行銷再進化－行銷演進三階段

　　在區分完「行銷」與「推銷」的差異與接觸過程後，我們來理解一下從過去到未來行銷三個階段演進的脈絡，藉此建立一些正確的概念。

【行銷 1.0】

・ 推銷

・ 透過媒體單向對消費者表達產品特色

　　最早的行銷其實就我前面說的「推銷」，每一個廠商都要養一大堆業務員，藉由拜訪、電訪、隨機郵寄來銷售產品。就算是大規模地投放電視、廣播廣告，也只是單方面向民眾發布訊息，無法精準得知民眾反應回饋。

【行銷 2.0】

・ 類比時代升級到數位時代

・ 強調互動

　　在有了網路之後，廠商與顧客的溝通方式變得快速簡單，藉由網路上的資訊，廠商可以即時且較清楚知道民眾對於產品的喜惡與建議，藉此快速反應，推出更適合的產品與服務，創造消費的機會。

【行銷 3.0】

・ 從網路升級到網絡

・ 個人化訊息的傳達

・ 品牌競爭力源自於「核心價值」＋「附加價值」

　　行銷的新一波革命是社群平台與大數據應用的興起，廠商可以

精準掌握到受眾的愛好，為他們的需求量身打造產品，也為自己的產品找到「精準的 TA」，向「精準的 TA」傳送他們所需的訊息，甚至能達到客製化行銷，將銷售變成「各取所需」的理想狀態。

現在我們都處在「行銷 3.0」這階段的突破口，誰能先精準抓到自己的 TA，為他們量身訂做滿足需求、解決問題，誰就能在下階段的潛力市場裡快速攻城掠地、擴張版圖。

㉕ 真 · 行銷六大執行步驟

既然都講到了我們正處在行銷模式的轉型期，該如何制定策略有效出擊，我為大家整理了具體執行行銷時的六大步驟：

1. 立產品特色與定位

在第一部分＜價值力＞的部分，我們已反覆討探這一點了，挖掘產品的特色、確立產品的定位，產品才會產生價值。

2. 找出產品特色與解決精準 TA 問題的連結

第二步驟非常重要，也最常被忽略，我常看到很多產品很有特色，可是它的廣告並沒有把**「解決精準 TA 問題的關聯性」**給講出來，變成我只知道你的產品特色是什麼，但不知道與我有何關聯？之前有個常在電視上放送的廣告，它說：「這一瓶洗髮精已經在德國賣了兩千萬瓶，你想要知道為什麼德國女生這麼愛它嗎？請趕快來試試。」這廣告就是犯了「沒有解決消費者問題」的錯誤，我想廣告

行銷再進化

行銷
3.0
・從網路升級到網絡
・個人化訊息的傳達
・強調「核心價值」+「附加價值」

行銷
2.0
・類比時代升級到數位時代
・強調互動

行銷
1.0
・推銷
・透過媒體單向對消費者
　表達產品特色

商原本的策略是希望讓消費者認為這款產品賣得很好,進而讓消費者前往購買;但請問,兩千萬瓶是多久賣出的呢?一星期?一年?還是十年?在沒有時間與產品銷售數字相互對應,加上它並沒有凸顯產品特色狀況下,你並不知道這跟你有什麼關聯,自然不會產生購買的衝動。在行銷上,不只要讓精準 TA 瞭解到這產品有什麼特色,還必須點出這特色能幫他們解決什麼問題,產品才會引起精準 TA 的興趣。

3. 透過故事、體驗、娛樂 ... 等各種不同形式包裝產品特色

讓精準 TA 理解「解決方案」還不夠,有時候「解決方案」還需要一些好的包裝,包裝產品的行銷方式非常多元,下一章<勝利方程式>我會介紹常見的八種行銷手法。

4. 精準 TA 接收訊息後,接受並願意消費

真行銷不只是突顯產品特色且有效傳遞「解決問題」的訊息,更重要的是,要讓這些精準 TA 接受、認同訊息的內容,並且願意進行消費的行為,才是最重要的。

5. 精準 TA 實際感受到問題被解決

這點又回到了產品本身的好壞以及你是否有找到精準的 TA 並點出正確的問題,如果你賣的是爛產品、或者推錯了人、誇大效果卻無法解決問題,現在的消費者都很精明,當他們感覺到他們的問題並沒有被解決,他們會永遠記得你騙過他們。

6. 建立口碑，精準 TA 日後願意繼續消費

好的產品自己會說話，它會透過消費者的口耳持續相傳，讓產品越賣越多。所以一個好的行銷絕對不是一次性的訊息溝通，更進一步可以藉由好的產品解決問題，讓品牌印象與行銷效果持續蔓延！

這六個步驟其實也是行銷運作的正確模式，創造一個正向的循環，之後的章節也都與本系列步驟息息相關。而為什麼我要在＜行銷六大執行步驟＞前面加個「真」呢？因為行銷的手法其實很多，有故事行銷，有體驗行銷，有感動行銷等等，但不論任何方式，大家總會問，究竟要如何才是真的有效果的行銷呢？答案其實很簡單：**能幫得上忙，才是真行銷**。請記住：**有效，才是行銷的終極目標！**

㉖ 行銷三大原則

在講完具體行銷執行步驟後，當你執行前，還有三點最高行動指導原則請你要放在心裡，在行動時心心念念，時時檢視自己有沒有符合下列三點：

A. 品牌行銷高招

品牌行銷最重要的是讓消費者隨時都可以想到你，最好是讓消費者「主動」將電話或 APP 載入他的手機，或印在他的腦海裡。想到電話叫計程車，大多數人最先想到的就是 55688，台灣大車隊是台灣第一個可以輸入簡碼叫車的車隊，這個簡碼好記又順口。再加

真·行銷六大步驟

STEP 01 確立產品特色與定位

STEP 02 找出產品特色與解決精準TA問題的連結

STEP 03 透過故事、體驗、娛樂⋯等各種不同形式包裝產品特色

STEP 04 精準TA接收訊息後，接受並願意消費

STEP 05 精準TA實際感受到問題被解決

STEP 06 建立口碑，精準TA日後願意繼續消費

上路上每一輛台灣大車隊的車子上都可以看到大大的 55688，大量曝光強化大家對它的印象。就算後續有其他車隊也加入簡碼叫車，但民眾對於第一個的印象已經根深蒂固，除了 55688，許多民眾根本背不起其他車隊的簡碼。

B. 行銷要有畫面

《三人行不行》是屏風表演班的戲目，一般舞台劇廣告可能會說：「這戲超好笑，保證讓你笑翻天。」但《三人行不行》的廣告文案卻是直接點出：「全劇笑點 397 個，謝幕時全場起立鼓掌長達 5 分 58 秒。」大家看到這段文字後，腦子裡有沒有什麼畫面？好的行銷必須要讓民眾接觸後，腦中自然而然產生畫面。同樣是想表達這部戲很好看、很好笑，但後者的說法就會讓畫面一躍而出，有多少笑點？大家起立鼓掌了多久？透過點出數據，也是一種創造畫面感的方法。

C. 行銷要有創意

你會在哪裡洗澡呢？一般人洗澡一定是在家裡或健身房、游泳池等運動場所嘛，而我曾經做過一個活動，直接把洗澡車拉到信義區 ATT 4Fun（前身為紐約紐約的自由女神像）前面，請民眾在街頭洗澡，你只要當場洗澡試用廠商的產品，我就送你一罐沐浴乳加一件 T 恤。結果不需要刻意拜託媒體單位，只發了採訪通知，活動當天電視台就來了五六家採訪，創造了很大的宣傳效果。

　　我還辦過一場人體展求婚，人體展其實就是「人的大體」展覽，它的目的是要讓你了解人的肌肉、器官等等，這聽起來很恐怖吧！這麼另類的活動你要怎麼宣傳呢？我當時就找了一個藥廠業務，在人體展向他的護士女友求婚。我們鋪了一個哏，因為男方身為藥廠業務一定聽過很多生離死別的故事，女方身為護士也一定親眼看過許多生命無常的事，所以他們決定好好把握當下，選在人體展牽手共度此生。

　　這訊息一發出，很多新聞媒體都來報導這個創意求婚，間接也讓這人體展大量曝光，這就是一個行銷的噱頭。回顧這兩個行銷案例，為什麼它們會主動吸引眾多媒體爭相報導呢？都是因為「有創意」，一個有創意的話題活動就是最好的宣傳方式！當你有更多的議題，就能爭取到更多的曝光。

行銷勝利方程式

㉗ 常見的八大行銷手法

前一章提過，好的產品與解決方案還必須有好的包裝方式，讓更多民眾看見，本章將列舉出八招最常見也最實用的行銷手法！

1. 免費行銷：藉由民眾貪免費的心態，靠贈物促使民眾行動。

2. 娛樂行銷：透過好玩趣味的議題與活動，吸引民眾注意與參與。

3. 故事行銷：聽故事是人的天性，好故事能加深民眾的品牌印象。

4. 體驗行銷：好的試用體驗勝過任何廣告，消費者的親身感受不會騙人。

5. 口碑行銷：好產品會自己行銷，自然發酵的口碑才是最穩固的消費族群。

6. 整合行銷：結合其他單位或通路一起整合，發揮一加一大於二的力量。

7. 議題行銷：創造新聞點、畫面感，是以小搏大的行銷絕招。

8. 廣告購買：廣播、電視、報紙等傳統媒體行銷是不可忽略的做法。

除了第八點「廣告購買」將留在＜溝通力＞一章說明，前七點我將在下面幾節一一細說。

免費行銷　娛樂行銷　故事行銷：文化

體驗行銷：五感　口碑行銷：回憶

整合行銷：結合其他單位或通路

廣告購買：廣播、電視、報紙…

議題行銷：新聞點、畫面

常見行銷手法

❷❽ 四大免費模式

　　免費的東西永遠給人一種「拿了不吃虧」的心態，所以稍有規模的企業一定三不五時會推出免費行銷的方案，因為它的確能非常有效地促使民眾行動。但你可別以為一定要「送東西」才是免費行銷喔，它可是還有許多變形的！

1. 直接交叉補貼

　　買一送一、買大送小都屬此類，透過消費行為再補貼部分「有價品」或金額「打折」，讓民眾有「賺到了」的感覺。大賣場最常使用這類模式。

2. 三方市場模式

　　前者「直接交叉補貼」是指賣方直接提供折扣給消費者。而「三方市場模式」則是由賣方（通路）出廣告，業者提供商品，業者才是真正提供折扣的人，賣方只是提供管道。這方式最常出現在毛利已經極低的便利超商促銷中。

3. 免費增值模式

　　免費增值模式通常指消費者只要滿足設定的條件，就能享用免費的服務，最常見的就是「會員服務」，像百貨公司加入會員即可享免費停車時數優惠。當然，免費的目的絕對是為了讓更多消費者不知不覺掏出錢來。

四大免費模式

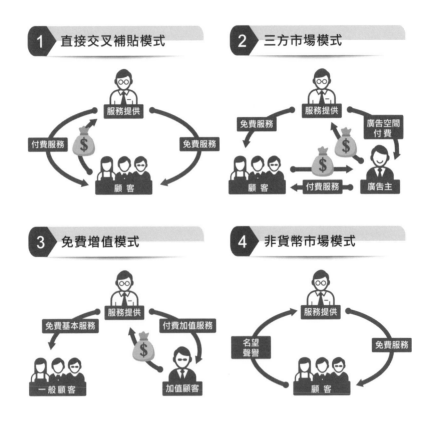

4. 非貨幣市場模式

操作免費行銷的廠商往往將免費品看做很廉價，但最厲害的免費品應是讓消費者有「無價」的感覺，例如刷卡滿額送航空公司貴賓室或限量非賣品。這類身分上的象徵不只能加深顧客對品牌的認同，也能將免費品的價值最大化！

㉙ 娛樂行銷四大招

歡樂是世界共通的語言，將行銷娛樂化自然會讓顧客感到愉悅，然後發自內心地幫你行銷。

1. 產品上製造驚喜，設計好玩產品

我一直在提倡產品本身就必須要夠強夠有特色，像「健達出奇蛋」，它是食品也是玩具，重點是你永遠不知道裡面會裝什麼，每個小朋友都很喜歡這種驚喜與期待的感覺。若你的產品也設計得這麼有娛樂感，自然能常保銷售長紅。

2. 價格上刺激慾望，促銷趣味十足

有時候配合話題定價，也會同時創造出「特色」與「趣味」。例如：「慶祝父親節，店內經典商品 88 元！」「慶祝情人節，店內商品一律限時 214 元！」這類做法雖然簡單，卻都會讓消費者想一探究竟。

娛樂行銷4大招

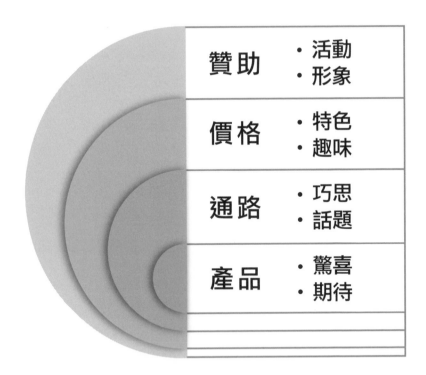

3. 通路上創造魔法，櫥窗娛人吸睛

　　許多產品會在陳列設計上做巧思，引人注目。像 2009 年海尼根就曾經製作一款有趣的街頭陳設廣告，它把一個公車站結冰，旁邊還放上結冰的人，還有一輛車被超大冰塊砸碎，噱頭十足。這類新奇有趣的擺設自然會創造很大的話題，為它們賺得很多免費的話題曝光。

4. 促銷上贊助快樂，趣味讓生活美好

　　贊助有趣的活動或舉辦體育賽事也是很棒的娛樂行銷，像：「舒跑杯路跑賽」就是由維他露食品從 1982 年開始，以旗下最著名運動飲料品牌「舒跑」命名，不僅可與精準 TA 結合，還能同時起引話題做促銷，也會品牌帶來活力的形象。

❸⓪ 故事行銷：好故事的四大要件

　　故事行銷最重要的就是：**用故事加深民眾對於產品的印象**。為什麼到大溪要吃豆干？為什麼到深坑要吃臭豆腐？這些都是我們長期受到了故事的影響。我們很難記得別人陳述的內容，卻很容易記住一個有趣或感人故事，因此只要長期重覆故事，就可以在他人心中建立印象。至於要如何說一個好故事，我認為有四大要點：

　A. 華麗登台：為故事設定一個適合的背景

　B. 角色鮮明：角色必須有顯著特色、形象鮮明

　C. 產生衝突：故事中必須產生一個難解的衝突

好故事的四大要件

STEP 01 華麗登場

STEP 02 角色鮮明

STEP 03 產生衝突

STEP 04 解決方案

D.解決方案：產品必須為衝突提供解決方案

我用「依蕾特」為例子說明上面四點，下文是依蕾特在官網上的品牌介紹：

「以鮮奶替代水」的紮實用料

以作給女兒吃的誠摯心意，製作每一個令人感動的甜點

2000 年的夏天，莘莘學子們正埋首苦讀準備七月的大專聯考（華麗登台），平日善廚的父親看著日夜苦讀的小女兒（角色鮮明）因為沒有食慾而日漸消瘦，覺得十分心疼（產生衝突），於是著手細心地調理出乳香濃郁、富水感而又兼具營養的鮮奶布丁，來替代女兒每天的餐點（解決問題）。

而這可口又充滿愛心的布丁不但表達了對女兒的支持與關心，也意外的受到眾多親友的口碑好評，成為方爸爸「最得意」的甜點作品，「ELATE」英譯為得意的意思，於是意外地催生了「依蕾特」這個源自 HOME MADE 的布丁品牌。

其實上面的品牌介紹就是一個故事，在我們閱讀的同時它已經默默在進行故事行銷，讓我們也感受到「依蕾特布丁」不只是布丁，還有爸爸對女兒的愛，無形中就在我們的記憶中幫依蕾特建立了溫暖的形象，這就是故事的威力。以上四要件其實也是一個故事應有的「起承轉合」結構，按照四要件來發想編故事，相信你也能編出一個不錯的故事。

㉛ 數位精彩故事的五大提醒

現在是數位年代，你除了要有好故事，你還必須讓這些故事的載具可以便於讓讀者分享到臉書、Line 等社群平台上。所以故事要在數位時代發布，你必須考量下面五點：

A. 以觀眾使用者為出發點

不只要知道各種發表場域的使用者組成，還有該群使用者的閱讀習慣也會影響文章的呈現方式與內容編排。

B. 讓內容能夠跨平台

現代人閱讀媒介很多，可能在電腦、平板與手機閱讀你的故事，你的內容基本上都必須在三者有良好的閱讀體驗。

C. 讓內容能夠分享、攜帶、搜尋

要讓你的故事被網友看到，一是靠被「搜索引擎」搜索到，二是靠網友們的分享。你的故事發布場域也該打造成一個容易被搜索到且方便網友方享的設計。

D. 經常更新

故事有時不是一篇就能打中網友的心，最好能持續定期發布動態故事，讓網友一篇一篇被你的故事吸引，長期閱讀加深印象與建立信任。

> 以觀眾使用者為出發點

01 數位年代的
精彩故事

 > 讓內容能夠跨平台

02 數位年代的
精彩故事

 > 讓內容能夠分享、攜帶、搜尋

03 數位年代的
精彩故事

 > 經常更新

04 數位年代的
精彩故事

 > 做好備案,隨時可因應時勢調整

05 數位年代的
精彩故事

E. 做好備案，隨時可因應時勢調整

　　未來數位時代的硬體與軟體會怎麼轉變、下一個崛起的會是誰？我們都無法預測，我們只能多更新新知、多大膽嘗試、搶先成立據點，才能在這變化劇烈的時代屹立不搖。

㉜ 體驗行銷－五感體驗

　　在 2011 年亞洲廣告大會上，會員們有了一個很重要的行銷共識：「消費者不需要行銷，而是需要體驗。」體驗才會讓產品與消費者產生強力的連結，這就是體驗行銷比起其他行銷手法更具效果之處。在構思體驗行銷時，我建議可以從人的五感切入：

視覺：最近新興的熱門數位產品「VR 實境」，就是在各大門市與數位賣場提供試看服務。

聽覺：過去在唱片行都會擺兩台試聽機，讓民眾當場試聽。現在數位化後，在線上各大音樂平台也都有提供短秒數的試聽服務。

味覺：最常見的就是大賣場、夜市一定都有試吃攤位，讓民眾吃過之後再考慮購買。

嗅覺：美妝店、百貨公司也常會提供芳香產品的試聞，架上往往會直接陳列一組「試用品」試聞品。

觸覺：走到按摩用品店，店員無不熱情招攬你進來體驗一下各式按摩設備，直接讓你感受產品的好，這也是一種體驗行銷。

體驗行銷的五感體驗

　　將體驗行銷做得最好的就屬「好市多」了，好市多標榜任何商品買回去就算你用了、吃了一樣接受退貨，讓民眾可以將產品先帶回家試用，上面所說的五感類型，你在好市多都可以看到它們怎麼樣發揮得淋漓盡致。

　　最後我一定要呼籲：不要吝嗇把產品給顧客體驗。我遇過吝於給顧客體驗的產品，幾乎都是兩種狀況：第一，產品不夠好，所以不敢給人體驗，只能騙到一次生意。第二，廠商比較小氣，無法用長遠的效益分析體驗行銷的成效。

　　請各位一定要記住：產品越好，越要讓顧客體驗。好的產品經過體驗，即使客戶一時沒有成為消費者，但他一定會對你的產品留下印象，甚至成為口碑的傳播者，而當他有需求時，必定會回頭購買他有印象的產品，從長遠來看，體驗行銷絕對是非常值得投資的方式。

㉝ 迪士尼體驗行銷五點解析

　　另一個很棒的體驗行銷案例就是迪士尼樂園的歡樂體驗，從你進去的瞬間就進入了它的歡樂世界，從佈景、服務員、表演、商品每一個都是絕佳的體驗經驗，不分大人小孩都會被它吸引。而迪士尼為什麼可以這麼成功，我的觀察有下面五點原因：

A. 主題化

　　走進迪士尼樂園，你不會像是來到一般的遊樂園，而是會像走進

一個由許多經典故事組成的夢之國度，你在這裡看到的任何細節都是經過精心設計，無論多小的地方都符合它們一致性的主題，全然圍繞著這場美麗的夢，讓你忘卻現實。

B. 混合消費

迪士尼令人佩服的可不僅僅是造夢而已，透過主題化的包裝，它將用餐、住宿、購物每一件消費行為都變成有趣且迫不及待想體驗的事，靠娛樂來帶動周邊更大的商機，靠情境為產品及服務加值，這才是它真正的獨到之處。

C. 老少皆宜

迪士尼也打破了遊樂園是小孩子去的刻板印象，無論大人小孩都能找到自己的時代共鳴記憶，甚至有些大人比小孩還熱愛，來到這就彷彿回到了自己的童年時光，也是這一點讓迪士尼能吸納更廣的客群、創造營收。

D. 表演情境

迪士尼不斷強調，每一個角落都是舞台，當你身在迪士尼，就算在排隊也有表演隊伍將你拉近每個故事情境，讓你隨時隨地都能享受夢境。

E. 授權商品

去過迪士尼的人免不了會買下一堆紀念商品，只因為身在那個情

★ 迪士尼的體驗行銷 ★

授權商品 主題化 混合消費 歡樂 表演勞力 老少咸宜

境之中，加上每個商品都有一個獨特故事，在當下你就是會忍不住想要擁有。

透過迪士尼樂園的案例，我想傳達的不是它有多好，而是一個頂級的產品或服務，經過消費者體驗後會產生極大的宣傳效益。絕大多數的人去完迪士尼樂園的評價都是去過還想再去，而且會不停與周遭親友分享心得。這就是體驗行銷，當你創造了絕佳的體驗，對方不只會變成死忠消費者，還會變成你的免費推廣員！

㉞ 口碑行銷的形成與循環

上一節已經談到了口碑推廣，我們就接著聊聊到底口碑是怎麼形成與循環的，大致會是下列的情況：

使用 → 獲益 → 好感 → 分享 → 親友 → 使用（循環）

消費者透過使用得到好處後，自然會對產品產生好感，在其生活圈內就會進行產品推薦的口耳相傳，特別是親友遇到相同問題時，消費者便會主動將好的使用經驗分享出去，而受到推薦的親友們也會有極高的機會成為新的消費者，接力將產品口碑持續擴散。

大家可以回憶一下，生活中有沒有哪些店家幾乎沒有在打廣告，但總是會有顧客大排長龍？像是知名餅店：李鵠、犁記就是口碑行銷的好典範。它們即便不打廣告，靠著長年累積的口碑，已足夠讓他們擁有一群死忠的消費者。

口碑的形成

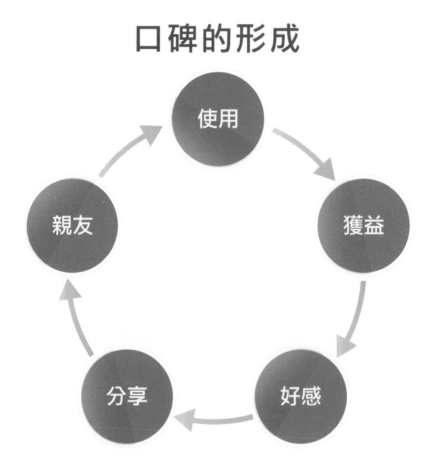

在操作口碑行銷上，最大的重點則是**「誠實」**。將產品的特色與解決方案真實呈現才是王道，任何誇大不實只會傷害品牌的名聲。唯有消費者（市場）認為「這產品好」，才是真正的好，口碑才會像酵母般不斷發酵。

㉟ 整合行銷的關鍵要素

全球排名第一的商業思想家 C.K. 普哈拉曾說：**「企業不可能天生就具備與顧客共創價值所需的一切知識、技術與資源，因此必須學習如何從不同來源取得資源。」**

這就是整合行銷的核心。我們沒有的，就想辦法從有的人手中整合，協調所需、共創多贏。接下來我們連續五個小節都將說明「整合行銷」，可是到底整合行銷是要整合什麼呢？你身為一個執行者，在整合行銷的元素上面，一個活動必須整合三方面：

1. **主辦單位：**行銷活動的主辦方，也可能你自己就是主辦方，或者你的公司是主辦方，而你是執行者。
2. **贊助單位：**願意提供資金或有價品贊助活動的單位。
3. **媒體單位：**擁有宣傳管道能為活動曝光的單位。

大抵來說，整合行銷的執行者，也就是你，便是要協調上述三方，互取所需。但是上面的媒體單位、贊助單位以及你打算執行的活動，可不是隨便就可以找的，在制定整合行銷策略之前，必須先

整合行銷關鍵要素

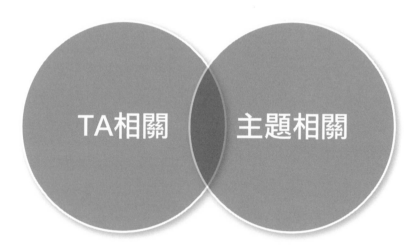

有兩大考量：

TA 相關：活動的整合 TA 必須一致，如果整合進不對的單位或活動，就像把錯的產品推給錯的人，只會讓活動效益降低。

主題相關：如果整合的各方單位與主題都無關，也無法尋得贊助方的贊助或媒體方的支持，因為這肯定會是場雜亂的活動。

　　2006 年時我曾經承辦過一個台北市政府的攝影比賽，但這個比賽完全沒有編列公務預算，一個沒有預算的活動該怎麼辦呢？這正是要我想辦法的！辦比賽需要什麼呢？第一個宣傳、第二個評審，最後還需要獎品。這三者該怎麼找到？因為當時我自己同時又是跨年晚會的承辦人，於是我就靈機一動，決定將這個攝影比賽與當年跨年發行的「新年城地圖」整合在一起。

　　首先，獎品的部份我先跟跨年活動主場地周遭的店家談合作，但是店家為什麼要贊助這活動？絕對不會因為你是官方活動人家就一定得贊助。所以重點便在於我能拿出什麼資源讓店家願意贊助。那一年的新年城地圖我們規劃印製十萬份，在全台北市的 7-11 超商供民眾免費索取，新年城地圖裡面除了有跨年活動介紹之外，最重要的是還有「優惠券」。於是我就將新年城地圖的優惠券當成一種行銷資源，去跟信義商圈周遭與主題相關的店家一家一家談合作，請它們贊助獎品，我們則用優惠券的方式吸引民眾前往贊助店家消費，創造雙贏。

整合行銷的元素

在宣傳部份，我以我自己多年的人脈找了非凡電視台、好事989電台幫活動宣傳，我則在十萬份新年城地圖上秀出這兩家媒體，加強曝光。同時我們也製作一支廣告在台北捷運各月台層播送，廣告中，我們讓獎品與協辦媒體曝光，這些都是幫贊助單位增加曝光度的方式。在這多重曝光之下，我們並沒有向商家要很多的贊助品，可能Sony贊助一台相機、威秀影城贊助數十張的電影票、星巴克贊助了相關商品等，讓單一單位贊助的數量不多，卻能換到相對高的曝光效益，**這是在短時間內要拉到贊助的重要關鍵**，也因此我們得以在短短一個月內募集到所需的資源。

最後，評審的部分我直接找到了攝影協會合作，掛名共同主辦，也共創雙贏。就這樣靠著多方團體單位的整合協助，我就把一個零預算的攝影比賽搭配著新年城地圖順利且大受歡迎地辦完了。更重要的是，從這個攝影比賽中，讓我們發覺了更多台北的美麗與生命力。

此外，這本新年城地圖也打破了以往大家對於政府部門的印製品大多沒什麼好感，就算免費也沒有人要的刻板印象，當時的郝龍斌市長甚至在市政會議上公開讚揚，建議往後各局處要製作手冊可以參考這樣的整合概念來規劃。這就是整合行銷最厲害之處，透過多方團體單位的協調，讓各方都願意貢獻自己的資源換取更大的好處，形成多贏的結果，讓一個本來沒有資源的活動辦得比一堆高預算的活動還要更好，發揮一加一大於二的效果。

雖然整合行銷雖看似好用，但其中也有許多經驗累積出來的「眉角」，下一節我們就更具體說明整合行銷的種種訣竅。

㊱ 整合行銷合作單位三大重點

通常執行整合行銷的團隊最常遇到的問題就是找不到贊助單位。原因很簡單，說穿了就是沒有找對人！整合行銷可不是隨便都能找人合作的。我整理了在合作單位這方面，必須注意三大重點分享給大家：

A. 合作單位在哪裡？

當初《看見台灣》導演齊柏林之所以找了台達電創辦人鄭崇華合作，就是因為鄭崇華長期關懷土地與支持電影文創，所以自然相對更願意贊助這樣的活動。在尋找贊助單位的過程中，亂槍打鳥是最笨的方法，甚至還會背上罵名，你必須知道哪些企業與名人長期關注哪些活動？平時就做好資料蒐集，將活動找上有興趣的對象，你才能夠有效出擊、獲得贊助。

B. 行銷策略最難掌握的是合作單位需要什麼？

在與合作單位的接洽過程中，很難將雙方理念與需求一次調整到位，通常都需要經過下面四個階段：

觀察 → 提案 → 問題中找答案 → 修正

先觀察對方想要什麼？需求是什麼？再從提案中滿足對方的需求，中間必定經過討論與磨合，因為通常很難一次完全挖掘出對方的需求，必須從遭遇的問題點再次找出答案修正。以上是整合行銷

提案的必經過程，必須反覆溝通思考，絕不是一蹴可幾。

C. 互動的重要！

　　最後一點，我們的工作是透過整合串連合作單位與 TA。其中的重要任務就包括了增加合作單位與 TA 的互動，引發 TA 的好奇，瞭解合作單位能為他們解決問題。唯有滿足了 TA，並讓 TA 與合作單位產生連結，後續才能為合作單位創造商業價值，達成合作單位的期望。

　　以上三點是我多年執行整合行銷的經驗談，也是許多整合行銷團隊往往容易忽略的小細節，千萬別讓你的心血在最後功虧一簣。

㊲ 整合行銷創造價值金三角

　　整合行銷最大的強項就是透過各方資源整合後，能用極小的成本創造極大的價值，但「創造價值」也是執行上最難之處，該怎麼為活動與各方參予單位增值呢？我有三大點經驗分享：

A. 找出產品特色

　　要創造價值之前，必須先找出產品（活動）特色，先確立了產品的獨特賣點與議題，我們才能進而鎖定 TA 與策劃主題，發展一連串活動。反之，如果連你自己都不清楚產品有何特色、或是包裝了錯誤的特色，後續自然無法創造出產品（活動）最高的價值。

整合行銷金三角

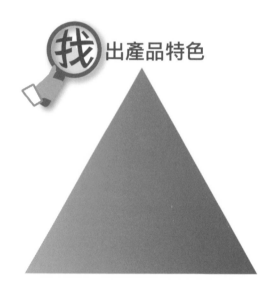

擁有兩憶

懂得與媒體溝通

B. 懂得與媒體溝通

　　懂得與媒體溝通，能給出或規劃出媒體需要的資訊，是創造價值的關鍵。如果不懂溝通，你在做推薦的時候只會事半功倍，而少了媒體曝光資源，在找合作廠商的時候對方的意願也會降低。更詳細的與媒體溝通的技巧，我將在＜溝通力＞一章中詳細說明。

C. 擁有兩憶

　　這兩憶也就是「記憶」跟「回憶」；在做整合行銷的時候，一定要讓你的廠商與受眾有很好的活動記憶點，進而讓他們留下印象深刻的回憶，往後他們才願意繼續合作或參加活動。我當初舉辦的新年城地圖，第一次要跟 7-11 洽談合作，也是透過層層關係，好不容易才讓他們答應。但隔年第二次舉辦他們就爽快多了！這是為什麼呢？因為第一次的成果好啊！民眾都相當踴躍索取，當時每間店約放五十到一百本，都在一天之內被索取一空、供不應求，當時還有民眾向市議員請託，看有沒有辦法再加印這本免費又超值的新年城地圖，政府宣傳品能到這樣的搶手程度，直到今天也是相當少見的。有了這樣的佳績，之後要持續與 7-11 合作，對方當然是相當樂意囉！

　　如果你也想為你的整合行銷創造最大的價值，請記得一定要做到：**深度思考挖掘特色、善用媒體需求溝通、留下口碑延續商機**。如此「做深做廣做長久」，才能讓一次行銷發揮最大效益！

㊳ 踏出成功第一步－三大整合面向需求

談完了整合行銷的合作單位如何尋找與如何創造更高價值之後，很多人往往卡在一開始根本不知道怎麼著手，腦中沒有半點頭緒。該如何踏出成功的第一步，招集到三方單位籌辦活動，其實關鍵之處，就在於你能不能清楚各方需求並滿足。

A. 主辦單位要什麼

我們要先搞清楚主辦單位要什麼？或者你本身是主辦單位，你的老闆交給你執行，他要的是什麼？通常不外乎是：

a. 媒體－宣傳管道

b. 贈品－吸引消費者

c. 錢－贊助金

所以你必須比別人有更多的媒體宣傳管道、比別人吸引到更多的消費者、比別人募籌到更多的贊助金，主辦單位才會優先選擇你，或者你的老闆才會滿意。

B. 贊助單位要什麼

當要尋找贊助單位時，它們要的不外乎是：

a. 宣傳－廣告效益

b. 人潮－實際接觸或購買

一個單位願意出錢、出物品，甚至出力，絕對是因為相信你的活動能為它們創造更大的商業回饋，即便不一定是短期收益，長期效

整合行銷的成功關鍵

老闆
要什麼?

> | 媒體 | · 宣傳管道
> | 贈品 | · 吸引消費者
> | 錢 | · 贊助金

贊助單位
要什麼?

> | 宣傳 | · 廣告效益
> | 人潮 | · 實際接觸或購買

媒體
要什麼?

> | 錢 | · 廣告收入
> | 哏 | · 新聞話題
> | 收視/聽率 | · 電視廣告/廣播

果也可能是它們願意點頭的原因。你身為一個招募者，首要任務絕對是說服它們，你能為它們帶來更多好處。

C. 媒體單位要什麼

　　媒體單位要的不外乎是：

a. 錢－廣告收入

b. 哏－新聞話題

c. 收視／聽率－增加收聽／收視／閱讀率

　　如果你想創造最大效益，一個超有哏的議題可以免費為你換來大量的新聞曝光，媒體單位每天都有產出內容的壓力，你能主動幫他們提供值得報導的資訊，它們當然樂於採用。

　　要成功啟動一個整合行銷，首要就是從這三方面的需求去探究挖掘，思考三方各自要的是什麼？三方拿出的資源是否能夠互相滿足需求？對方願意與我們搭配，一定是我們身上有他想要的東西。如果能滿足對方的需求，對方自然很樂意與你合作。只要抓到這個重點，要踏出第一步其實一點也不難！

❸❾ 整合行銷七大功力

　　從事整合行銷多年，看過無數業界操作的案例，無論成功或失敗的案子都不計其數，在這一節，為大家歸納了我多年來的經驗，一個整合行銷案之所以成功，總歸要有這七大功力才能把事情執行好：

1. 創意力

創意是行銷案的靈魂，一個有創意的案子天生就是一個好議題，能事半功倍勾起民眾注意與媒體興趣。

2. 整合力

如上一節所說，找到各方需求，居中協調整合，為活動創造最大價值，滿足各方期待，這便關係到你的整合力有多強。

3. 執行力

我見過很多人企劃能力一流，單看企劃書總是讓人充滿期待，等到真的到活動現場一看，才發現整個活動辦得漏洞百出。執行力常常是很多人會輕忽的地方，好創意更需要好的執行力！

4. 溝通力

在整合各方單位的需求與意見，最重要的便是溝通力，良好的溝通能讓雙方意見一致，尤其在整合行銷中，對上司、對部屬、跨組織、跨單位、對廠商、對客戶每一種都需要絕佳的溝通力，才能讓專案有效前進。

5. 觀察力

有時候與對象洽談，對方不一定會將需求全盤托出，有時對方自己也不一定瞭解自己的需求，這時候善於觀察推敲的人便能讓你察覺對方沒有說出口的需求，在提出能滿足各方單位需求的條件時，觀察力便顯得格外重要。

整合行銷的七大功力

> ・創意力

> ・整合力

> ・執行力

> ・溝通力

> ・觀察力

> ・思考力

> ・管理力（人、財、時間、品質）

6. 思考力

　　將一切外在資訊，內化成具體策略的成果，便是思考力展現的地方。很多人往往不是沒有思考，而是思考方向錯誤，就拍案決定了錯誤的策略。在思考力這個環節，適時反思質疑自己策略：「我們這樣想真的是對的嗎？」也是重要的思考技巧。

7. 管理力

　　有時候專案錯漏百出，其實是管理上出了問題，可能是預定時間趕不上、品質不如預期、預算超出太多，甚至是工作交付給了不適切的人。領導者的管理能力將決定整個案子的成敗，管理力是最容易被忽略，但也最容易造成致命傷的問題。

　　有句話說得很好：拿到案子沒什麼了不起，做完案子也沒什麼了不起，把案子做好，收到錢，而且人家之後願意再找你，這才是了不起！這七大功力就是能幫助你把案子做到最好的關鍵要素！

⓵ 議題行銷兩大經典案例

　　議題行銷其實就是怎麼讓人 Catch eye 抓住眼球！要創造議題通常都必須靠網路或實體行銷活動來造勢，吸引媒體注意。我這裡舉兩個相當經典的案例。

【案例一：曉玲，嫁給我吧】

　　2003 年底，台中街頭到處豎立起一個斗大的看板，上面是一個

相貌老實的男子捧著鮮花，旁邊大大的紅字寫著：「曉玲，嫁給我吧！」當時這個廣告無不引起民眾與新聞媒體的好奇，紛紛爭相報導，猜測著誰是曉玲，可以得到這麼浪漫的求婚，喧騰一時。結果答案揭曉，原來這一切都是樂透彩券當時第一次發行的行銷活動，代表著只要你中了樂透，你也可以來場浪漫求婚。這就是一個會主動引人注意的議題行銷，且讓新聞媒體幫忙做了最好的曝光。

【案例二：賀小馬哥訂走第一千台】

　　2002 年福特汽車為了宣傳他們最新款的戶外休旅車，將一輛實體車就掛上了台北市南京東路與敦化北路口的金融大樓 18 樓外牆上，當時引起了民眾瘋狂熱議，一台汽車飛上了天怎能不引起各家新聞媒體的爭相報導。雖然最後只掛上了三天的時間就收到了台北市政府的罰款並勒令拆除，但隔天拆除的實況轉播卻又是另一波的行銷高潮，吸引了各家新聞媒體現場連線報導，拆除完成之後，廣告業者還故意在原本車子的位置畫上一個白色停車格，配上大大的布條寫著：「賀小馬哥訂走第一千台。」開了時任台北市長的馬英九一個小玩笑，成為至今都讓人津津樂道的成功案例。

　　如果你也想操作議題行銷，從上面兩個案例就可以瞧出一些端倪，你必須先問：「這活動會讓民眾議論紛紛嗎？」「這活動會讓媒體爭相報導嗎？」當你有活動「吸睛」到這種能創造社會輿論的程度，自然就會造成極強的宣傳效果了。

❹ 三招讓你與競爭者拉開差距

談完了七種常見的行銷手法，在《行銷勝利方程式》的最後一節，我要來談一個非常重要的觀念：**「如何與競爭者拉開差距。」**以上的行銷招式都不是什麼祕密，只差在個人執行上的經驗與能力，但要讓自己能在眾多競爭者中脫穎而出，你肯定還需要其他關鍵能力，以下三點就是我給你的衷心建議：

A. 從舊東西找新商機

有時候我們都太過於想要求新求變，反而落入思考盲點，有時候行銷企劃者功力的分野其實是在包裝舊東西的能力。像白蘭氏雞精已經問世近兩百年，夠「舊」了吧！但兩百年來它的內容不曾改變，創新的只是行銷定位與功能訴求，將雞精從病人、產後婦女的營養品，變成上班族的補氣品與學生族的用功良伴，至今穩居市占率第一名。擁有為舊東西創造新價值的能力，才是真正頂尖的行銷高手。

B. 從消費者角度出發

還記得我在行銷力的開頭就先點出了行銷與推銷的差異，而行銷必須是**讓顧客感覺「他的確需要」**。而許多資深的行銷人往往做行銷到最後，累積了成功經驗，會變得太自負武斷，認為自己想的一定是對的，遺忘了行銷的最基本精神！做出來的成績當然也會每況愈下。時時提醒自己「從消費者的角度出發」也是讓自己能不斷突破的關鍵！

C. 善用跨界整合

　　在整合行銷的原則上當然必須與主題相關,最好不要差異過大,但對於一個熟練的整合行銷高手來說,巧妙地將看似毫無關聯的雙方順理成章地牽成合作,激盪出另類的火花,反而是行銷能力的展現。如當初華碩電腦竟然找上了霹靂布袋戲賣 3C 產品,跌破了眾人的眼鏡。擁有變形幻化能力的素還真,賣起變形平板也言之有理,不顯突兀。這個廣告不只讓布袋戲擺脫傳統想像,也讓華碩這國際品牌做出一款台灣味十足的廣告,不失為一次叫好又叫座的跨界整合!

　　要拉開與競爭者的距離,簡而言之,其實就是要你**別忘了基本行銷精神,也別忘記任何創意的可能性**,這樣就是最踏實的方法了。在談完了行銷的勝利方程式之後,下一章,我接著說明什麼樣的方式會讓你的行銷一招勝利,什麼樣的方式會讓你的行銷一招斃命!

三招讓你與競爭者拉開差距

從舊東西找新商機

從消費者角度出發

善用跨界整合

一招勝利？一招斃命？

❷ 行銷十二個黃金法則

　　行銷力談到現在，我們已經討論過了行銷的基本心法與行銷的常見手法。但是別忘了，其實大多數的行銷活動在前期仍有賴主導者——說服各方的關係單位，很多行銷初學者都忽略了，個人其實也是整個行銷案非常重要的一個環節，這一章節，我就要回歸到個人參與行銷的面向。本節便是說明在行銷提案時，個人要注意的十二個黃金法則：

1. 記得你是在和活生生的人互動：

　　別只顧著悶頭介紹你的企劃與只想用冰冷的數據說服人，要用點心去瞭解對方是怎麼樣的人。

2. 必須連自己一起行銷：

　　業主會將案子交給你，有時候並不僅僅是因為書面的企劃好，往往案主對你的信任度才是左右決策的關鍵。

3. 必須會問問題：

　　會問問題是非常容易被忽略的能力，案主講的每句話可能都藏著沒說清楚的潛台詞，你必須有察覺並提問的能力。

4. 必須學會傾聽：

　　保持七分傾聽是溝通的基本原則，學會先放下自己的意見，先聽聽別人怎麼說，才會激盪出新的火花，提出正確的提案。

5. 每一段介紹都必須提到對方為何因此得益：

　　熙熙攘攘，皆為利來。點出能帶給對方實際好處，在人情使不上力的時候，它常是最有效的武器。

6. 明確的描繪「最後效果」：

行銷要有畫面感，提案也是。如果你的能清楚訴說出一個願景情境，很可能拉著對方跟你一起做夢！

7. 千萬不能仰賴以前的邏輯判斷：

「我以前都是⋯⋯」這句話是溝通上的大忌，也是思維上的大忌，除了落入思考盲點，也會給對方不受尊重的感覺。

8. 給對方最想聽的產品資訊：

知道對方要什麼，就不要吝於展現你的產品優勢，展示強項、淡化弱項也是說服他人的重要技巧。

9. 告訴對方你有多特別：

競爭者何其多，請你給案主一個非你不可的理由，請為自己找一個獨一無二的特色與記憶點。

10. 不要用冷冰冰價錢來推銷：

會靠價格戰推銷的人太多了。在價錢之外，你能不能創造更多「無價」的價值，這將決定你是否與眾不同。

11. 當場展示效果：

再多的說服也比不上一次成功案例的展示，如果你有過往成功的經驗，別忘了適時拿出來佐證，這常是踢進臨門一腳的關鍵。

12. 永遠記得保持專業形象：

只要見了面，無論在什麼時候你都代表著一份專業，千萬別在小地方讓對方偷偷將你扣了分，魔鬼總藏在細節裡。

看完十二個行銷法則，你是不是覺得這很像一個業務教戰守則，其實你想得沒有錯，對於一個頂尖的行銷高手來說，懂得滿足需求、換位思考、溝通及說故事，這些都是不遜於業務員的核心能力，也是你最好具備的能力。

㊸ 初次見面的三忌與三招

在實體拜訪的時候，我們常說三秒定終生，如果你犯了下面的錯誤，那可是會讓你一槍斃命，被客戶直接打叉的。

1. 吹捧產品：不斷吹噓自己的提案有多好，完全沒有在意對方的需求與感受。

2. 造成壓力：銷售意圖太明顯，不停逼迫對方行動，反而造成反感。

3. 艱澀術語：不懂得使用對方能接受的語言溝通，只會越談越不通！

但反過來說，第一次與客戶拜訪見面時，你該怎麼做才正確呢？同樣有三招：

1. 彼此閒聊：先從建立雙方的友誼與信任開始破水。

2. 套出答案：在閒聊中旁敲側擊，挖掘對方的需求。

3. 讓對方承諾：在得知需求後能幫對方解決問題，對方自然會說「好」。

真正好的行銷溝通，應該是像朋友一樣閒聊，像朋友一樣幫他解決問題，這才是正確的行銷方式。

行銷十二個黃金法則

· 記得你是在和活生生的人互動

· 必須連自己一起行銷

· 必須會問問題

· 必須學會傾聽

· 每一段介紹都必須提到對方為何因此得益

· 明確的描繪「最後效果」

· 千萬不能仰賴以前的邏輯判斷

· 給對方最想聽的產品資訊

· 告訴對方你有多特別

· 不要用冷冰冰價錢來推銷

· 當場展示效果

· 永遠記得保持專業形象

㊹ 少即是多－極簡行銷

　　行銷的目的應該是用最快的方式，簡單、有效地讓消費者接受你所傳遞的訊息，並使其心動，願意進行消費或參與行動。因此，行銷活動應該力求「極簡」，讓人一目了然或方便記憶。我舉一個反面案例：過去 S 咖啡一千元一點，一點可以換一杯中杯咖啡，相當簡單明瞭。後來回饋方式改為「星禮程」，規則瞬間變得十分複雜，怎樣換一顆星？滿六十六顆星可以怎樣？滿一百六十八顆星又可以怎樣？

　　在星禮程推出後因為方式太複雜況且掃描系統常出狀況，我身邊有很多 S 咖啡的死忠熟客都不願意加入，最後可能是因為太多熟客都不加入，S 咖啡竟然寄信給所有沒加入的會員，裡面意思是：「因為你沒說你不加入，所以我們主動幫你加入了。」你就知道這行銷活動辦得有多不成功了。

　　如果你的行銷活動沒有辦法讓普羅大眾一聽就懂，那絕對不會是一個好的活動，也必然不會是一個成功的活動。請記住：少即是多，行銷也是！

㊺ 從自己出發－個人行銷

　　談了這麼多行銷法，最後我想跟各位談一下個人行銷。回到個人面，你同樣必須把你自己想像成是一件商品，你的家人、朋友、老闆、乃至於員工都是你的客戶。他們需要的是什麼？你有什麼（會

什麼）是他們需要的？

你要讓你的客戶滿意，當然就是要滿足他們的需求，大多數而言，家人要的是愛與陪伴。朋友要的除了有福同享外，更重要的還要有難同當、相互學習與成長。而老闆希望員工除了有專業能力外，也能事事站在老闆與客戶的立場思考，取得一個相對的平衡點後給老闆最專業的建議。

員工要的其實也很簡單，就是一個有思慮清晰、遠見踏實、能分享獲利的好老闆。我常遇見很多人，不懂得如何表達、如何溝通，不懂得行銷自己，所以哪怕他有再多的技能，還是常常與其他人格格不入。

我覺得這跟整個台灣的環境也有關係。過去的台灣職場，因為機會不多，所以常常遇到事情大家都說「我來我來我來」搶著表現。而現今的中國正是過去台灣的模樣，每個人都在搶機會，哪怕他不懂他都要來。為什麼？因為他沒有機會，所以他要**用盡辦法創造自己能被看見的機會。**

反觀現在的台灣，機會多了，許多人不珍惜了，常常都會有「你去你去」的心態，把機會往外推。也因此，越來越多人不懂得行銷自己，把好的一面呈現讓更多人看見。希望各位在學完一系列行銷招式，甚至是學完這本書的精華後，遇到機會上門都能收起「你來你來」的心態，好好把握機會，行銷自己，創造自己的價值！

行銷小叮嚀

九大熱銷戰略

　　最後本章的精華濃縮，我為大家整理了九個能讓產品熱銷的重點，讓大家用最簡單的方式記得本章要點並能運用。

1. 集中全力：

　　在行銷操作上最忌諱力量分散，如果有多方資源或系列活動可以運用，請集中火力在特定時段內傾巢而出，發揮額外加乘的效果。

2. 讓人看見：

　　一個主動會吸引眼球的活動才是好的活動，做行銷就是要越多人看見越好，請記得能搞多大就搞多大，千萬別客氣。

3. 顧客聯繫：

　　溝通是一時的，聯繫是長久的。不要只跟顧客結一次緣，不把顧客當顧客，而是像朋友一樣交心聯繫，才會讓生意長長久久。

4. 走向數位：

　　越快學會新技術的人可以在下一個世代活得越好。你必須隨時

去更新最新的軟體系統或硬體設備，跟上時代的演進，你才能做好數位行銷。

5. 發揮創意：

越是老手往往越習慣墨守成規，照慣例做事，時時提醒自己打破規則、跳脫框架，才能將案子越做越出色。

6. 聯合攻擊：

如果有多方資源可以運用，就千萬不要打個人戰。試著找出各方的需求並協調滿足，讓行銷活動變成一場聲勢浩大的團體戰！

7. 突顯價值：

制定任何行銷策略之前，最核心的根本仍是找到產品的價值並突顯，這一點沒做到、沒做好，後續的任何活動都發揮不了效果。

8. 找出 Key Man：

行銷提案時，小心不要找錯人。找到最關鍵的人，發掘他最關鍵的問題並滿足，只要做到這一點，保證所有提案都將無往不利。

9. 貼心服務：

行銷其實就是一種服務業，除了議定的達成內容之外，永遠都可以思考如何幫顧客完成更多，超乎他的期待，這也是永續經營的不二法門。

　　最好的行銷就是塑造出自己的專業形象，別人遇到什麼問題，自然會去找你。比方說我們想買膠帶的時候，第一個想到的是什麼？十個人有八個會先想到３Ｍ。不管什麼類型的膠帶總會想先看看３Ｍ有沒有出，因為它就是給人「膠帶專家」的形象，這就是它的專業。

　　如果你必須不停去找客戶，這只是推銷。真正的行銷其實是像３Ｍ一樣，**塑造了專業形象之後，讓客戶主動找你解決他們的問題**，這才是每個行銷人致力想創造的狀態。**不推而銷，才是行銷的最高境界。**

第三章：

溝通力

好溝通創造大商機

㊻ 停止 NG 溝通－溝通一點訣

　　國內首創兒童溝通訓練的教育機構「立學苑」執行長曾雅瑜表示：「多數人都以為『溝通』就是『把心裡話跟對方說清楚』，所以當想要改善衝突或窘境時，就會把一堆不經大腦的言語通盤托出，其結果，就是弄得兩敗俱傷，然後一句『溝通無效』草草了事。事實上，要真正達到「溝通」的成效，『把話說出來』只是最末端的結果，在『說』之前，是否真正理解對方的真實意見？在意見背後的動機與原因？是否能以對方的思維模式，重新修正我方論點？如何把話說得好，讓雙方理智地達成共識，才是真正的『溝通』，而這都需仰賴大量觀察、聆聽、同理、思考等技巧。」

　　曾執行長的話告訴了我們一個重點：**「溝通是必須站在對方的角度，才有辦法達成共識。」**這也是我們要談溝通力之前一個很重要的前提。而我們常見的溝通不良其實不外乎是下列三種情況：

1. 沒有用對方的思維：
　　講一大串只有自己聽得懂，沒有其他人聽得懂。

2. 沒有用對方的語言：
　　講得太專業了，沒有相關背景者無法理解。

3. 沒有用對方的立場：

主觀意識太強，聽不進別人說的，只講自己想講的，活在自己的世界中。

這三者其實總歸都是犯了**「沒有站在溝通對象的角度」**。在課堂上我向學員指導溝通技巧時，我總會反覆強調，其實溝通說穿了並不難，最重要的一點訣就是：**「說＝聽！你說的必須讓其他人聽得懂。」**僅此而已。溝通的時候你該說什麼，其實還是回歸到「需求」。同樣地，在行銷上你想要與消費者溝通，你也必須先瞭解消費者的需求！要如何瞭解呢？我們可以從**「先觀察再提問」**開始，

但你可別小看提問，裡面可是有很多眉角，首當其衝的關鍵就是：
「**你必須問對問題！**」

❹ 溝通的事前六大步驟

我最常遇到學生問我的問題就是：「我去提案，總是不知道該跟對方從何說起？有沒有一個有系統的方法？」本節就是我多年在商場上溝通，經驗累積出的六項溝通事前準備步驟：

1. 你想說什麼

你必須先想清楚你到底想要說什麼？你是想先說產品有多好？還是先說產品的特色能解決什麼問題？必須先有一個想傳達的主軸。

2. 你想對誰說

你必須知道你在對誰說話？充分瞭解對方的背景與需求，才能談到對方想聽的。再延伸思考則是你必須知道誰需要你的產品或服務。

3. 該如何開口

你要思考你是在怎樣的場合、時機點提到你想談的議題，最好是用一個故事包裝，導引別人主動詢問。

4. 畫出架構

確定前面三項之後，請先把溝通架構畫出：先寫出要說的情境、說的順序、說的內容與主題，與各方的需求。

5. 找出矛盾與疑問

這是最重要的一個環節，從架構中分析每一步驟尋找是否有矛

盾，可以怎麼回應？我講一個案例，曾有一場大型演講，舉辦單位希望可以跟周邊店家共同合作，只要聽講的人來店裡消費，有個 QR 碼掃一下，就可以享有小額的優惠。

這提案在畫架構時就會發現矛盾，店家聽完你的提案可能會覺得：然後呢？為什麼我要跟你合作。我跟你合作有什麼好處？這就是主辦單位在溝通上只有用單向思維，沒有換位思考，畫出溝通架構圖就是幫你從不同觀點再來思考問題。

6.30 秒講重點

當你把想說的話都整理完，請將以上所有安排的流程濃縮得越短越好，最好能在 30 秒內講完你想講的重點，尤其在商業場合的溝通最忌諱浪費時間，如果你不能做到在短時間內完成訊息傳達，對方也會對你的能力大打折扣。

㊽ 訊息彙整四大面向

在上一節我們提到溝通的時間最好濃縮得越短越好，但是要怎麼樣才能濃縮呢？這時候就必須靠事前將資訊彙整的功夫，加速整理出你想談論的重點，在資訊整理上有四個面向：

1.與現有產品／服務的差異比較：你的提案有什麼勝過競爭者之處？

2.產品／服務特色：你的提案最大的強項與特點是什麼？

3.使用好處：你的提案之於對方有什麼好處？

4.不用遺憾：你的提案對方有什麼非採納不可的原因？

以上四點你必須自己先整理好，才能在短短的時間內有效傳達，

依序介紹自己家的產品差異之處？有什麼關鍵特色？這特色又能解決什麼問題？最後是這問題為什麼急迫必須被解決？創造出一種不用會後悔的感覺。只要以上問題你都能自己先整理一遍，甚至能明確寫出來，要在 30 秒內完成簡潔有力的溝通絕非難事。

❹❾ 提問五大重點觀念

很多人可能會想：「問問題不就那樣，有什麼好不會問的？」其實台灣的教育很重注「回答問題」，從小到大我們一直被引導著如何回答老師問的問題，但卻嚴重的忽略「如何問問題」。我便曾碰過有新進同業因為不懂得如何問問題，或是亂問問題，導致可能談成的案子功虧一簣。然而，一個有經驗的提問者，應該要能全盤掌握應答發展。在此我要先為大家建立提問者必知的五大提問觀念：

1. **自己問出的問題，必須先想好答案。「是」會怎樣？「不是」能怎樣？**
2. **將可能會被質問的問題，自己先找出答案**
3. **懂得設計問題，才能問出想要的答案**
4. **永遠要比對方多問一題、多想一題**
5. **即時分析問題背後的問題，學會 Question by Question（QBQ）**

由此可知，問問題絕不是想到什麼問什麼，而是必須經過私下反覆地沙盤推演、事前準備，才能一次出擊即中。尤其在商業場合上，每一個提問都沒有重來的機會，不管對方回答什麼，對方的回答必須永遠在你的掌握之中。當你提問得到回覆時，你必須再去思考「他為什麼這樣講？」，接著延伸思考背後的可能性，才能再做新提問，以此不斷重複。

很多人做溝通時遇到的最大盲點往往是：「我只懂得問問題，可是我不懂得去發掘問題背後的問題到底是什麼？」懂得深入去思

考回答者答案的用意，是一個好的溝通者的必要技能。一個好的提問者甚至能讓回答者說出「回答者自己原本沒有想到的事」，透過你的導引延伸讓他察覺自己的真正需求，這才是一流的溝通。

掌握提問關鍵

STEP
01　自己問出的問題先想好答案

STEP
02　可能被質疑的問題先找出答案

STEP
03　設計問題才能得到想要的答案

STEP
04　永遠比對方多想一題

STEP
05　從回答中再思考延伸問題

㊿ 分析問題五步驟找答案

先有一些基礎的提問觀念後，當我們接到一個任務時，我們就可以運用「分析問題」的技巧，察覺出對方沒有說出口的需求。

1. 理解任務：從客戶端或主管端的任務中去瞭解對方待解決的問題。

2. 深究目的：由此任務，綜觀對方的終極目標會是什麼？

3. 剖析問題：剖析對方的問題是否有契合他們想要的目標？

4. 歸納答案：針對問題與終極目標蒐集資料並歸納答案。

5. 提出決策：提出精準的決策，並說服客戶或主管。

有時候客戶提出的任務並非他真正的需求，也許他要求你的是「請讓產品上電視廣告」，但我們知道他真正的目標可能是「讓產品有高銷量」，我們就可以從他真正的目標去蒐集資料，讓他知道也許上電視廣告並不是一個最佳選擇。先找出客戶真正的目標再幫他精準解決問題，而不是陪他一起達成錯誤的目標，這才是我們的存在的價值。

⑤ 內外部延伸提問找問題

前面談了如何用提問分析問題，而在內部會議時，提問也是一種引導團隊討論的方法。假設現在公司面臨到業績衰退的問題，在會議上就可以從「內外部情況」引導團隊思考：

五大步驟找出答案

接到任務
從老闆、客戶處
得到原始問題

客戶要求:
想上電視廣告

探索目的
釐清對方的目的
是什麼?

自問或反問客戶:
形象曝光?增加銷量?
其他目的?

拆解問題
剖析問題,直擊核心

自問:
如果要增加銷量
以客戶的TA和預算
怎樣的效益最高

歸納答案
針對問題蒐集
並歸納答案

研究後:
改用網路宣傳及
街頭派樣效果更好

作出決策
提出決策,說服客戶

解決方案:
調整策略和TA溝通

【主題】

為什麼某產品線最近業績持續衰退？

【第一層問題】

釐清內部：我們自己有發生什麼事嗎？是產品本身品質不佳，
還是通路陳列位置不好？

分析外部：同業的情況是什麼呢？大環境有影響嗎？

【第二層問題】

釐清內部延伸：

· 衰退的原因是暫時的還是長期的？

· 消費者對於這支產品的看法？

· 是否有好的因應之道？

分析外部延伸：

· 同業業績成長或下跌的幅度？

· 我們的競爭策略和同業相比是否有什麼疏漏的地方？

· 同業採取的因應措施我們做得到嗎？適合我們做嗎？

【最後歸納】

我們應該採取什麼行動？該怎麼檢驗行動的成效？

在此範例我只延伸追問了兩層，在實際操作上主持者或與會者
可以不斷追問，三層四層五層，直到釐清問題的核心。而透過內外
部兩個面向的思考，也有助於對照驗證真實的情況，避免落入盲點。

鑽石提問法

題目　和部屬共同找出業績衰退的主因…

再問

我們自己發生了什麼事情?(釐清內部的問題)　　別人也跟我們狀況一樣嗎?(參考同業狀況)

客人對我們的反應是?　衰退是週期性的?持續性的?還是特例?　有什麼辦法可以解決?　其他同業這次的業績是?　人家做了什麼而我們沒有?　別人的作法適合我們嗎?

最後問　我要用什麼數據來檢驗最後的成效?

㊷ 溝通練習的四大步驟

從「溝通步驟」、「資訊彙整」到「問對問題」，最後要進步仍然沒有捷徑，還是免不了必須反覆地練習，經過大量練習再上場，成果絕對大不相同。但是該怎麼練習才會有效呢？我建議在練習時必須依序談到這四個要項：

1. 找出情境

練習的第一步是先模擬與對方談話時的情境，會是什麼場合、什麼時機，如何適時切入話題。

2. 說出解決方案

練習在搭上話後，必須從對話中帶出你擁有解決什麼問題的能力，你能怎麼解決他的問題。

3. 說明效果

接著從解決方案延伸出之後可能創造的成果，塑造出一個願景讓對方有行動的欲望！

4. 帶出見證

最後在說明完效果後，能提出一個真實且有力的成功案例，讓你的談話可信度提高，絕對是讓對方點頭的臨門一腳。

溝通雖有步驟、有架構、有訣竅，但最後能成為說服高手的人，每一位都是事前做好最完善的準備，不輕忽每一個細節，大量累積經驗才能成為一位溝通達人，所以如果有重要的溝通場合，別害羞也別怕出醜，事前大膽找老闆、主管、前輩反覆練習吧！

讓顧客花錢的掏心術

❸消費者體驗建構循環過程

在〈價值力〉中我們已有討論過「品牌印象如何影響消費者的決策過程」。

1.動機：因為有需求所以產生消費的動機。

2.尋找：在能力所及的通路範圍內尋找合適的解決方案（產品）。

3.品牌印象：尋找過程中如有深刻印象的品牌會被優先挑出。

4.選擇：在幾種適合的解決方案（產品）中比較對自己的滿足差異。

5.購買：決定購買最符合自身需求的產品。

6.是否解決：使用之後觀察產品是否真能解決自身的問題。

7.經驗：此次使用的印象會成為消費者的經驗。

8.分享他人：根據經驗好壞消費者會在適洽時機分享給同樣有需求的人。

其中決定品牌是否能持續擴大的關鍵三點分別是**「品牌印象」**、**「是否解決」**與**「分享他人」**，後兩者多半取決於產品本身的好壞，較難扭轉，但品牌印象，卻是可以靠外力形塑。「品牌印象」我在〈價值力〉中提到，即便體驗經驗很好，如果你不持續打廣告，對方還是會忘記你。消費者的決策很多時候取決於廣告印象，也就是消費者從廣告中瞭解到了什麼。

　　產品要賣的好，除了產品本質好以外，廣告是否能真正傳遞到產品核心價值，並吸引消費者購買，便成為相當重要的關鍵。廣告便是溝通的一種，我們藉由廣告與大眾溝通，並讓大眾接受我們想傳達的訊息，進而願意掏錢。接下來我們就來談談怎麼向大眾溝通——「廣告概念」。

消費者體驗建構

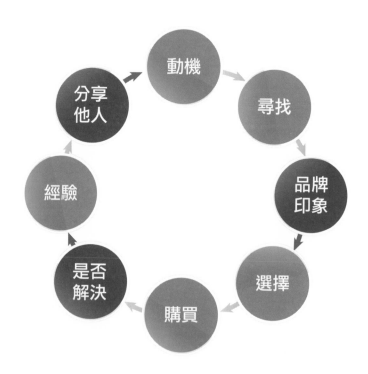

54 形成廣告概念三大面向

　　要製作廣告之前，我們必須對廣告先有一個基本概念，也就是「你想傳達什麼訊息」，這個基本概念可以從下列三個面向來尋找：

·競爭優勢／相對優勢
你的產品比起市面上同質性的產品好在哪裡？有什麼比得過人家的優勢？

·消費者需求
你的產品如何滿足你所期待目標對象的需求？

·產品特性
你的產品有什麼最醒目、最獨創、最強項的特色？

上面三者綜合起來形成一個「廣告態度」，也就是你的廣告中主張的「賣點」，由這再去發想廣告中該如何包裝襯托這個核心價值。一則廣告的「廣告態度」就如同一家企業的「核心價值」，在發想製作廣告之前，務必先確認好該點，才有辦法做出內容與理念一致的廣告。

55 分析廣告體驗的三大步驟

　　在廣告圈裡，常常在研究案例時會聽到他們說：「這廣告有打到點」或「這廣告沒有點」，這聽起來很抽象，也很難解釋，但他們業內人士就是知道什麼是「點」，而且他們絕對都會贊同「廣告一定要有點」。其實這個「廣告點」說穿了，其實就是『有沒有打

廣告概念的形成

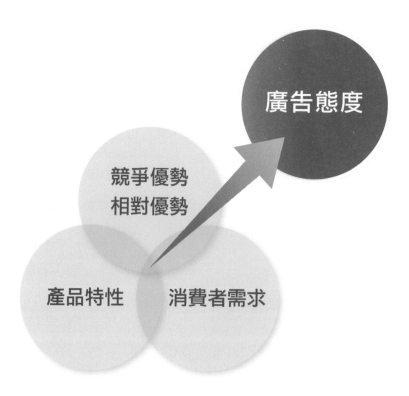

如何找出廣告點

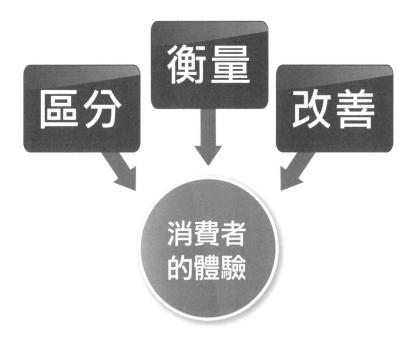

中消費者的心」，讓消費者有感覺。這個感覺要怎麼找呢？所謂的感覺，是要從**「消費者的廣告體驗」**去分析，分析的過程有三個步驟：

1. 區分：必須先分出廣告受眾的類型與族群。

2. 衡量：從各分眾衡量廣告對他們的成效。

3. 改善：從成效不佳的分眾中調整投放內容與方式。

當然這不會是個「一次到位」的過程，執行上可能需要不斷調整，才能漸漸將廣告越修越好，每一次的廣告都比上一次更到位，而受眾的廣告體驗也會越來越好，長久下來，品牌概念也會逐步建立在良好的體驗上，也就是那些廣告大師常說的：「這是一個有打到點的廣告！」

㊶廣告製作六大注意事項

上一節我們談到廣告的成功取決於「有沒有打到點」，這是製作廣告的過程必須無時無刻自問的準則，但在製作上一定還有很多各面向的細節，我在這裡也整理了製作廣告的六大注意事項：

1. 要有創意

創意是最強的傳播原子彈，有創意的廣告會讓觀眾主動為你傳播，即便低成本的製作也可能創造無限的效益，創意幾乎是製作廣告的標準配備。

2. 要說出產品獨特性

由產品獨特性才能發展出產品的相對優勢,這也才會讓受眾知道為什麼要選擇你的產品,至於如何找出產品獨特性我們在〈價值力〉已有詳盡說明!

3. 賣點要簡單、清楚、一致

廣告與受眾接觸的時間通常很短,所以無法讓受眾帶走大量的訊息,因此在製作時務必讓賣點單純化,先簡潔才會有力!

4. 廣告內容要能被消費者注意

現在的廣告通常在三十秒以內的時間就掠過受眾的視線,所以如何吸睛、搶奪受眾的注意力就成了另一個戰場,如果廣告不能一瞬間就勾著觀眾,這廣告只會無情地被觀眾跳過。有時,朗朗上口卻很芭樂的洗腦廣告主題曲也是讓受眾注意的方法之一,例如:亞洲最大交友 APP-「Paktor」一開始來台灣時請歐陽妮妮拍廣告,為了要吸引大家對這個新產品的目光,在廣告配樂上就做了這樣的運用,造成一股拍拖(Paktor 的中文名)風潮,連 3 歲小朋友都會跟著廣告裡的歐陽妮妮跳拍拖舞。

5. 要跟觀眾產生互動或共鳴

共鳴是一種心有同感,而非只是傳遞訊息,當別人所說的話讓你心有戚戚焉,或某些訊息引發你心中認同的情緒反應,這就是共鳴。共鳴的產生來自於相同的生活經驗,所以將產品連結到生活上的情

境是非常重要的。

6. 依照不同媒體特性製作廣告（廣播、電視 ...）

不同的媒體將會在不同的時間場合、用不同的方式傳播資訊給受眾，所以依據不同媒體製作廣告也才能達到分眾，將行銷精準化。

瞭解完廣告製作的注意事項後，要特別提醒大家一點，就是在製作廣告時，有一個大家比較不會注意到，只有業內人才會注重的關鍵，那就是所謂的「廣告流暢度」。一個廣告在播放時，最難的就是讓觀眾自然而然地接受，這也是我們下一節的主題。

(57)廣告訊息策略的五種流暢度

而製作廣告傳遞訊息，新手很容易忽略之處便在於「流暢度」，能不能讓觀眾在沒有警覺與排斥的情況下看完一則廣告，並且讓觀眾得到他們想要的資訊，也讓廣告方傳遞他們想要包裹的概念，是一則廣告成功與否的關鍵。流暢度又可以分作下列五項：

【認知流暢度】

・在廣告中必須做到讓品牌重複曝光。

・廣告訊息中，必須模擬消費者消費時的情境，引起投入。

【概念流暢度】

・如何讓消費者容易想到某件事情。假設販售「按摩用品」，你必須預想一般民眾在什麼情況下會想要「按摩」，從需求中自然帶入。

・在廣告台詞或順口溜中押韻也是一個小訣竅，會比沒押韻的廣告

廣告製作注意事項

 要有創意

 要說出產品獨特性

 賣點要簡單、清楚、一致

 廣告內容要能被消費者注意

 要跟觀眾產生互動或共鳴

 依照不同媒體特性製作廣告
（廣播、電視…）

更有說服力。例如：茶裏王廣告中的「回甘，就像現泡！」便是讓人朗朗上口的台詞。

【處理流暢度】

· 在廣告過程中能刺激觀眾自動聯想到相關商品。

· 看完廣告之後消費者遇到特定情境，會想起相關商品。

【調節目標流暢度】

· 廣告中的目標傳遞明確，聚焦於消費者的願望與抱負，突出他們想得到的結果。

【檢索流暢度】

· 刻意將廣告用語誇張、趣味、生活化，強化品牌優勢，順帶引起議題與討論，比方說，與其用「你能想到吃麥當勞的1個理由嗎？」不如改用「你能想到吃麥當勞的10個理由嗎？」較能帶起群眾話題。

　　以上流暢度的核心概念就是「植入」，透過廣告將訊息自然而然地植入受眾的腦海，無論是在過程中投入情境、在事後能聯想到產品，或是引起討論的慾望，這些都是成功將廣告訊息帶入受眾的生活中，也才會是一個有成效的廣告。

❺❽製作廣告四大流程

　　上一節講了廣告必須先有「流暢度」才有「順利傳達資訊」。聽來抽象，但在具體執行上該怎麼做呢？要製作一個廣告，其實是有既定流程的：

1. 找出精準 TA

要製作一部廣告之前,最基本你一定要知道這廣告是要對哪個族群放送,要對哪個族群傳遞訊息,當然也必須知道他們的需求是什麼。

2. 擬定行銷策略

在上一部分〈行銷力〉我們談了很多行銷的方法,也說明了八種常見的行銷手法,針對不同的 TA 我們必須交互搭配運用,從產品特性與目標族群來確定我們該怎麼行銷。

3. 創意發想

廣告最怕沒有效果,有時候好的效果其實就來自於一個讓人驚奇的創意,使觀眾留下深刻的品牌/產品印象。這往往是最難的一個環節,我在之後的章節也會介紹幾種廣告常用的有效手法及創意的定義。

4. 製作廣告

廣告的呈現可能只會是一塊看板、一張文宣或短短幾秒鐘的影片,但在執行上卻可能必須耗費幾個月的時間才製作完成。製作一則廣告的心力其實不亞於執行一場大型活動,這時候能不能將企劃力轉化為執行力,完整呈現創意不打折,就是最困難之處。

既然本流程的第一步是精準 TA,接下來我們便要探討「如何衡量 TA」。

❺❾衡量 TA 的五大指標

本書中我們不斷提到精準 TA 的重要性，尤其製作廣告更是需要鎖定 TA，但是 TA 該怎麼區分類型？怎麼衡量他們的消費能力呢？有五大指標是我們常用來分析的：

1. 人口變數
如年齡、種族、性別、地理位置、家庭人數、就業狀況與類型、有無自住房屋、車種等。

2. 心理變數
如價值觀、對事情的看法、興趣、信念等。

3. 財務資料
如家庭年收住、房屋價值、資產淨值、財務狀況、債務償還記錄等。

4. 購買行為
如平均購買規模、購買品牌類型、購買品牌頻率、品牌忠誠度等。

5. 媒體消費習慣
如何接收資訊、接收管道、接收時間地點等。

我建議你在執行廣告案的時候，請每一次都要拿一張白紙，將上面五大指標一一清楚寫下，如果你做不到，那就表示你可能對 TA 的輪廓還有些模糊，這時候你最好再做一些市場調查，然後重新再寫一次 TA 各項指標。這個步驟做得越仔細，日後的廣告製作與投放也會越精準，一旦這裡出錯，你也會訂出一連串錯誤的決策，因此絕對不可輕忽。

衡量TA的指標

人口變數 年齡、種族、性別、地理位置、家庭人數、就業狀況與類型、有無自住房屋、車種

心理變數 價值觀、對事情的看法、興趣、信念

財務資料 家庭年收住、房屋價值、資產淨值、財務狀況、債務償還記錄

購買行為 平均購買規模、購買品牌類型、購買品牌頻率、品牌忠誠度

媒體消費習慣 如何接收資訊

⑥⓪ 廣告發想四大重點

一個廣告中，創意發想永遠是最讓企劃人員想破頭的環節，但是你如果去分析那些成功廣告的內容，你會發現爆紅的廣告其實都有些基本原則是一定會遵守的，在此我也舉了四大重點，讓你在發想廣告時更有方向：

1. 凸顯產品特色：廣告的目的終究在推廣產品，無論多麼天馬行空的創意，最後還是不能忘了要把基本的功課─「產品特色」給突顯出來。

2. 有創意、好記：廣告一大目的是為了讓觀眾留下深刻的印象，運用誇張式的呈現、洗腦式的對白，往往是廣告爆紅的老招。

3. 可引起話題：廣告的情境一定必須是受眾的日常生活，傳遞的訊息也必須是他們切身需要的，才產生共鳴與認同，進而帶動話題。

4. KUSO：歡笑是最好的傳播武器，有時故意惡搞、無厘頭式的搞笑，反而會讓廣告被民眾爭相模仿，一夕爆紅。尤其當 TA 是年輕族群時，不妨朝惡搞的方向去思考。

⑥① 做好廣告的四大秘訣

如何製作一則廣告我們從概念性原則一直談到了具體的方法，已經完整說明了一則廣告的誕生經過，但常常會有學生開玩笑嫌我教得太詳細，問我有沒有什麼「秘訣」可以快點讓他們可以應用，

從我多年行銷策劃的經驗，當然有些重點中的重點，本節就要分享我多年來做好廣告的四大秘訣，幫助你在操作上能快速上手：

1. 簡單明瞭

在〈行銷力〉中我們就已經談過「極簡」有時候反而是最有效的作法，最優秀的廣告永遠是簡單好懂，所以你可以做個小測試，你的廣告能不能讓小朋友也看懂？你的廣告能不能讓老人家也看懂？如果可以，那幾乎會是個有效的廣告。

2. 對 TA 說話

廣告就是種溝通，只是廣告是較大範圍的溝通。既然是溝通就會有對象，這對象在你心中的輪廓應該是清晰可見的，你知道他們是什麼身份？什麼年齡層？出沒在什麼時間地點？而你要做的，就是針對他們特性與需求說話，明確地對著你的 TA 說話，廣告才能打進他們心裡，而不是大規模地投放廣告卻不知道要投往何方。

3. 媒體選擇

能精準鎖定 TA 你才有辦法選擇用什麼媒體管道投放廣告，以達到分眾而精準的行銷，用最少的資源創造最大的效果。各種媒體的特性與操作我將在下一章〈百倍成效的廣告投放〉中一一列舉。

4. 三十秒創造話題

拜科技所賜，載體多元，資訊爆炸，現代人閱讀越來越急促浮動，連幾秒鐘的無聊都無法忍受，所以你一定要記得一點，廣告是一種「濃縮」，不管你有什麼創意、有什麼訴求，請記得在最短的時間內完整呈現、引起話題，最好是在幾秒內就能抓住觀眾的目光。

做好廣告的秘訣

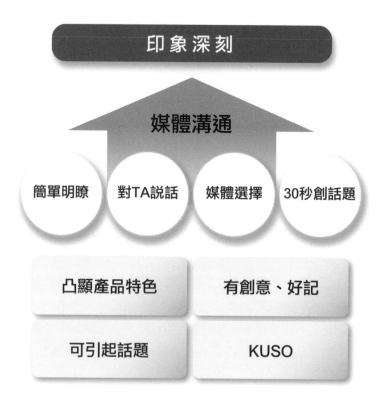

(62)廣告四大常見手法

前面已經講完了「廣告概念」、「分析體驗」、「流暢度」與「廣告發想」等。但要實務製作一則廣告，其實是有一些手法可以套用的。廣告是商業創作的產物，各類廣告的成效已在市場上被長期驗證，常見的手法往往也表示它是有效的，在這也為大家整理四種最常見的廣告手法：

1. 點出消費者覺得重要的問題並解決

在廣告中點出問題是最常見的方法，直接讓觀眾知道這產品能幫他們解決什麼問題，直接說明能滿足觀眾的什麼需求，永遠是一個最安全的做法。

2. 名人 / 專業人士代言

適合的產品調性或能找上適合的代言人，也是快速增加公信力與知名度的好方法，就像保健食品愛找律師或醫生、潮流服飾愛找偶像藝人，選對代言人的確會讓產品加分不少。但代言人選擇的時候要特別注意，因為，既然是人，就會有出包的機會，一但出包，可能對於企業或產品形象造成一定程度的影響。如果企業或產品能創造出一個大受歡迎的肖像，以肖像做代言，也是一個不錯的做法，例如：7-11 的 OPEN 將。

3. 恐嚇行銷

利用觀眾的恐懼心理，強調日常生活中的某種潛在風險，借以行銷自己的產品。如健康食品、保險等。以恐懼刺激觀眾立即行動！

4. 說一個好故事

　　將產品用一個故事包裝，用感性的元素讓觀眾留下印象，進一步產生對產品的認同與支持。故事的感染力強、傳播力大，有效運用往往有事半功倍的效果。

　　如果你願意花一些時間，將上百部廣告反覆看、慢慢研究，你也可能像我一樣找出許多廣告的慣用手法，當然，能用的絕對不只是這四點而已，只是這四點相對容易被運用在經典成功的廣告上。在你沒有製作方向的時候，或許可以參考上述的手法再加點創意，可以讓你的廣告更加吸引人。

(63)創意力的五大重點

上面幾個章節我都有陸續提到「創意」，但是創意到底是什麼呢？很多人都很怕必須想一個有創意的企劃，或會推說自己沒有創意。我用最簡單的話來解釋：創意是**「反經驗的行為」**，這和紫牛理論有異曲同工之妙。紫牛理論是要創造一個足以讓消費者深深受到吸引，並且還想持續注意的獨特賣點。而「創意」同樣也是追求**「群眾前所未見」**的內容。但是如何創造「反經驗的行為」，也就是**如何「讓自己有創意」呢？我自己多年執行過許許多多企劃案，歸納出了五點創意力小秘訣：**

1. 差異化：創意追求「差異」，所以發想創意也必須從產品本身的差異之處切入，先抓出產品與眾不同之處，由此發想創意會是較為穩健的做法。

2. 品牌力：創意也可以是種品牌，海尼根的廣告向來都是以有創意且歡樂著稱，長久以來便形成了一種品牌印象，創意發想也可以從貼合品牌核心概念著手。

3. 精緻度：創意需要「執行力」，而執行力的好壞在於「精緻度」，顧好一個個小細節有時就能幫你的創意點子加分不少。

4. 新科技：善用還不普及的新科技也是展現創意的好方法，像最近興起的ＶＲ實境，腦袋動得快的公司便能運用在相關活動中，創造客戶前所未有的體驗。

5. 整合性：有時候創意只是一種整合，能將兩個對比強烈的東西做意想不到的跨界結合，這也是將尋常變成創意的魔法。

五大創意發想訣竅

(64)好 Slogan 的三要素

談了這麼多廣告的秘訣，最後好的廣告一定都需要一句好的口號。而好的口號都具備下面三個要素：

1. 突顯核心價值　2. 簡潔有力　3. 朗朗上口

最好的範例就是一年可以賣出三億杯的統一超商 City Café。當時在品牌命名時，時任總經理的徐重仁同樣遵照簡潔有力的原則，當同事們絞盡腦汁希望想出特別的名稱時，他卻認為不需要考驗消費者的英文能力，應該使用簡單好記的英文單字就好，於是 City Café 就這樣誕生了！即使連英文不好的人也能朗朗上口。再搭配氣質女星桂綸鎂喊出：**「整個城市都是我的咖啡館。」**簡單直白的口號卻契合統一超商無所不在的形象，甚至有民眾爭相改編各種 KUSO 句型，一舉成功打響 City Café 的名號！由此可知，真正好的 Slogan 絕不需要多華麗，**簡單好記，讓人留下印象**才是最重要的目的！

(65)讓人不買會後悔的廣告

製作廣告最終目的都是為了促使觀眾行動，如果能讓觀眾產生「不買會後悔」的感受，那應該就是一支產品廣告的最高境界了吧！但是什麼樣的產品能讓人有「不買會後悔」的感受呢？我們可以從兩個面向來解析：

【顯性：廣告呈現】

有些產品是需要透過廣告傳遞訊息，才能引起共鳴。像我很喜歡「萬安生命」的一支廣告。淡淡的音樂，口白與畫面細數著老太太的一生，由小到大，從老太太沒能吃到第一支冰淇淋、頭一次感覺兒子被搶走了、開家冰淇淋店卻收掉了，到最後無法活著走出醫院。由冰淇淋作為象徵貫穿老太太的一生，最後在喪禮上，每個人手上都拿著一支冰淇淋緬懷，也傳遞出了萬安生命的服務價值。**「人的一生有很多事情無法如願，而萬安生命可以幫你完成最後一個夢想，用你想要的方式告別。」**

這就是一個很成功的廣告，即便是這麼難賣的「生前契約」，依然透過廣告給人一種不買會後悔的感覺。

【隱性：專業認同】

但為什麼有些品牌不須要廣告，還是會給民眾不買會後悔的感覺呢？這就是「隱性的專業認同」。比如講到文具，尤其是膠帶，你會想到哪個品牌？很多人都會反射想到 3M。為什麼？因為 3M 一向給人膠帶專家的印象，不管是強力膠、無痕膠 3M 都有頂尖的產品，長期奠定了該領域專家的形象。當一個品牌已有長久的專業形象，即便無需廣告，也能給民眾不買會後悔的感覺。

有此可知，一個廣告或品牌要長久經營，除了每次都靠一波波廣告傳遞訊息、製造話題，同時若能從基礎面上建立專業認同，才是治本、省力且最有效的方式！

(66)廣告效果評量四大指標

當一個廣告投映結束後，該如何衡量廣告是否有效呢？我們有幾個常用的指標可以給大家參考：

1. 廣告態度：消費者對廣告的喜好與資訊信賴程度，將會影響其對廣告的注意力。

2. 品牌態度：消費者在廣告刺激下對於品牌的信賴感、喜好度；消費者對於品牌的偏好程度，將會影響其對廣告的信任度與評價。

3. 廣告記憶：消費者所看到的廣告在他的腦海裡留下多少的印象。

4. 購買意願：消費者願意購買該產品的機率高低，它是一種消費者選擇產品的主觀傾向，是預測消費行為的重要指標。

投放廣告絕不是播完了就沒事了，不專業的的媒體採購公司常常是播完就算交差了事，但對我來說，投放完廣告事情只算做完了一半，更重要的是廣告的成效如何？好或壞的原因是什麼？下一次該怎麼改進？這些都必須提報給客戶，才是一個專業的媒體採購服務。下一章，我們就來進入廣告投放的實戰秘訣！

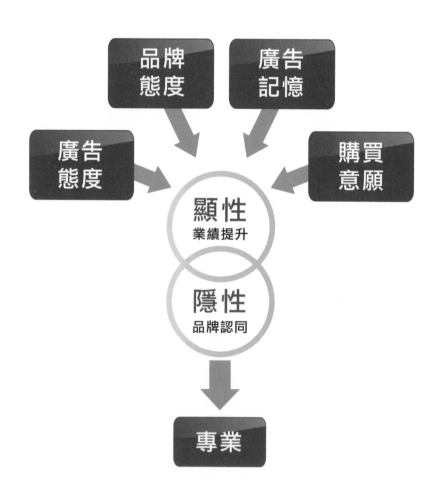

百倍成效的廣告投放

(67)消費者如何接觸廣告

消費者是怎麼接觸到廣告的呢？我們可以先從「傳統」與「現在」兩個面向來探討：

傳統：消費者被動接觸廣告，如看板、電視、報刊等。

現在：消費者主動選擇，如購物網、Youtube、智慧電視等。

而「傳統」與「現在」廣告媒體的意義也完全不同：

傳統：只是買眼睛，媒體只是一個載具。

現在：互動性強，可立即銷售，效果明顯，如：購物頻道、Google 廣告。

因為現在廣告投放受眾的選擇權越來越大，隨時可以選擇離開、跳過甚至遮蔽，所以在現代廣告的操作上，你更應該要「精準投放」，才不會白花了大筆的廣告費卻沒有成效。下一節開始，我們便從頭講起，一個廣告該如何從零到有規劃！

(68)媒體企劃的策略思考流程

當你要企劃一個廣告投放專案時，是不是往往沒有頭緒該怎麼

傳統VS互動廣告

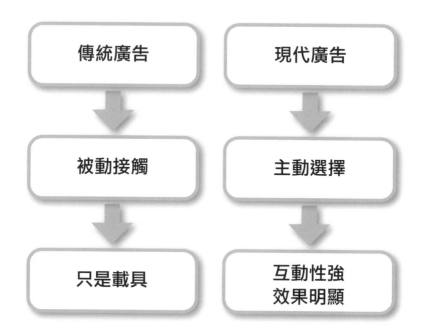

著手，由我多年執行廣告企劃的經驗，整理了下面八點媒體企劃的策略思考流程：

1. 找出產品特色：先思考產品特色，能創造出什麼相對優勢。

2. 選擇適合族群：這優勢可以解決那些族群的問題。

3. 衡量媒體預算：不同的媒體個別需要多少預算。

4. 選擇適合媒體：依據對象受眾選擇較易接觸的曝光媒體。

5. 製作廣告：依據媒體管道特性製作廣告。

6. 廣告託播：在選定的時段與管道投放廣告。

7. 效益評估：在廣告投放後進行各項指標的效益評估。

8. 評估媒體適合度：衡量各媒體管道與產品廣告的適合度。

以上八個步驟不只是思考流程，它也可以是廣告專案執行的「審核表項目」，流程中「製作廣告」的細節我們已經在前文有說明，「廣告採購」則是我們本章的重點，當你已經為整體專案通盤思考後，我們就要進入廣告購買的環節。

⑥⑨廣告購買之前四大考量

在廣告購買之前，身為採購人員一定要有一套採購策略，下列是我整理出來廣告採購人員必須在採購之前做好的四項功課：

1. 常見宣傳管道

最基本一定要熟知現在市場上有哪些常用的媒體管道，如：電視、廣播、雜誌、報紙、戶外媒體（公車、外牆、酷卡、海報、

LED...）、網路、APP 等。

2. 瞭解目標對象最常使用的媒體有哪些

其次要去分析你的產品預備要推給的目標對象，該族群的生活型態最常接觸到上述那些媒體管道。

3. 規劃媒體預算

當你決定了要在哪些媒體投放廣告之後，不同的媒體其實都有一套計價方式，我們也可以比較精準地計算大概需要多少成本？衡量有無超過自己的總預算？是否該彈性調整或取捨。

4. 團購正夯

現在很多消費者會在團購網或電視購物上買東西，原因就是因為結合眾人的力量一起買，能讓許多商品價格相對市價低；對業者而言最大的優點就是不用一開始支付上架費，賣了才抽成，是個失敗風險相對低的渠道，但最大缺點是通路抽成高，一旦商品大賣，所獲得的利潤就相對較低。但如果你是新商品、福利品、即期品不妨可考慮透過團購來銷售，降低花廣告費但商品卻無法大賣的風險。

(70)五大廣告媒體的購買迷思與破解

從事這麼多年的公關行銷工作，自己做過也看過不少廣告採購，往往在跟客戶接觸時，客戶總會存在一些廣告迷思。而不肖的代理採購業者，也會往往用這類的迷思設下圈套，讓客戶砸了錢卻沒有效果。因此我決定在本書中舉出各種廣告媒體購買時常見的迷思，並教大家什麼才是正確的觀念。

【廣告媒體採購迷思】

1. 電視：CPRP 越低越好（CPRP 為「每 10 秒」收視點廣告成本）。
2. 廣播：廣告檔次越多就是越好。
3. 網路：採購高流量的入口網站首頁效果最好。
4. 公車廣告：每一台車的廣告單價越低越好。
5. 贈品廣告：贈品上企業的 LOGO 越明顯越好。

　　以上五點是你看了是不是也覺得說得並沒有錯呢？如果是，你也落入了迷思的陷阱，現在我就要來跟大家解釋，上述錯在哪？而你又該怎麼做？

【廣告媒體採購迷思破解】

1. 電視：質大於價

　　一味追求低 CPRP 的廣告採購，表面是撿到了便宜，但最後往往會讓廣告出現在質量不高的頻道或時段，也有可能會有所設的 TA 不夠精準的狀況產生。正確的電視廣告採購應該是「質大於價」，質是先精準選對 TA，才能選擇投放頻道、投放節目、投放時段。

　　例如：某廣告在冷門頻道的半夜播了五十次才有 1% 的收視點跟某廣告在新聞台的晚上 8-12 點間其中播一次就有 1% 的收視點；就費用而言，冷門時段一定非常便宜，但就效益而言，你要選哪一個？如果你的產品是屬於高知識份子的，你可能就要選擇新聞台，但新聞台的價格一定比電影台還來得貴，這就是我們要去衡量價值與價格，而不只是追求低價，而投放給了錯誤的受眾。

2. 廣播：精選 TA 與區域

　　很多人不知道廣播有分「大中小功率」，只有「大功率」電台才能全台播送，如中廣、ICRT 等，其餘電台都是以「聯播網」為主，也就是將全台各地不同區域合作的電台串聯起來播放，以達到相對大範圍的效果。因此以往廣播廣告在報價時，常以廣告有幾檔來議價，客戶同樣的預算可能 A 採購商說能買二十檔中廣的廣告，但 B 採購商卻說他能安排一百檔，客戶往往就被數量給迷惑了，但這一百檔是怎麼來的？

　　其實就是我上面說的串連的手法，由台北、台中、台南、高雄、花蓮各地方電台加起來共一百檔。這樣真的有比較多嗎？當然沒有，這其實還比不上大功率電台的二十檔，更別提還有可能會把你安排在深夜時段。過去客戶常常會以為廣播廣告就是檔次越多越好，事實則不然，而是要看你的 TA 是誰？投放的區域有多大？投放的時段為何？

3. 網路：社群網站 CP 值高，TA 精準最重要

　　購買網路廣告時很多人會有迷思，認為入口網站首頁流量最大，因此效果最好，但入口網站也是最貴的，講到這你自己可以想想，當你登入入口網站的時候，你會看廣告嗎？通常都是少之又少。也就是說常見的網站橫幅與側欄廣告其實網友都已經漸漸「免疫」，會自動忽略了，往往花了大錢卻沒有成效。

　　我常會建議客戶，網站只是一個平台，不一定要買流量最高的，重點是他流量的含金量有多高？其中包含訪客結構、瀏覽量、翻頁

數、網站停留時間，這些才是關鍵指標。由現在的趨勢看來，有主題且相對有一定程度流量的社群網站會是當前 CP 值最高的選擇。

4. 公車廣告：訂定罰則，隨時查車

　　公車廣告很多人會覺得單價越低越好，但有些價格真的低到誇張，其實背後都有很高的「偷車」風險。你買了廣告，業者貼上讓你驗收完後，如果又有新客戶買，他就撕掉改貼別人的，將一車兩賣三賣，這行話就叫「偷車」。

　　所以在買公車廣告時，你必須跟他訂定罰則，規定隨時可以「查車」。公車廣告合約常有一條：「查車必須三天前告知，如果沒有告知，查到也不算。」這當然不合理，但卻是他們的制式規定，你如果沒經驗、不懂得去爭辯，就損失了自己應有的權益。但有些人可能覺得自己只是小客戶沒有籌碼跟公車業者談判，這時候就要找強勢的代理商幫你買，他們比較有能力去幫你爭取合理的條件。

　　所以當你買了公車廣告，也別忘了抽空去查車，公車業者都會給你一本「上刊清冊」上面會有購買的路線、車號與期間，期間中如果發現應該貼著你的廣告的車輛卻是貼著別人的廣告，當場拍下廣告與車牌就算抓到了，我曾經真的抓到過一輛偷車，業者事後賠了我二十台車的廣告，這就是有先訂定罰則的功效。

　　同樣，公車廣告一樣要考量你的 TA，根據 TA 來選擇路線，像跑台北市區的公車，價格就會比跑長途的公車路線貴。看你是想經過商場鬧區多、或是文教區多，再從中選出了合適的各條路線，這時再去衡量，是要多個路線各下一台車，還是挑少數路線下多台車，

這些都會關係到公車廣告的成效。

5. 贈品廣告：送禮送到心坎裡，實用最重要

　　我們都三不五時會收到企業的贈品，有的贈品企業名稱放得超級大，我們將心比心，這種東西收禮者會想要用嗎？只要我幫客戶代操的贈品，都會推翻以前商標越大越好的觀念，而是做得很有質感、很有趣、很實用，讓收禮者發自內心地喜愛。例如潤泰水泥在宜蘭有認養稻田，於是製作了一款手掌大小的迷你水泥袋，裡面放著認養稻田產出的白米，既實用又有創意，讓每個收禮者都愛不釋手，也同時傳達了潤泰注重環保及永續生態的形象，這才是一個有質感有內涵的贈品。

　　這一章，我們談了很多廣告購買的實戰技巧，但是萬一你沒有這麼高的預算該怎麼辦呢？下一章我將告訴你，沒錢買廣告時可以怎麼做！

廣告購買常見迷思

	廣告購買常見迷思	你應該怎麼做
電視	CPRP越低越好	質大於價
廣播	檔次多就是好	精選TA與區域
網路	入口網站效果好	社群網站CP質高 流量最重要
公車廣告	單價越低越好	訂定罰則 隨時查車
贈品廣告	LOGO越明顯越好	送禮送到心坎裡 實用最重要

小技巧換百萬曝光

(71)自媒體經營三大原則

如果沒有大量的預算買廣告，自媒體曝光是現在最有效也最省錢的辦法，自媒體的平台有 Youtube、臉書、部落格、instergram 等，如何用自媒體吸引傳統媒體曝光，有三個最基本的原則：

1. 定期的 PO 專業文章

在自己的自媒體平台定期發布專業文章，讓有需求的網友能透過搜索引擎來到你的平台並解決問題，甚至產生黏著度，這就是「內容行銷」。可是請你記住，自媒體是一個建立自身專業度的好管道，但絕不是一個讓你發布謾罵抱怨等無用言論的場所。

2. 要有自己獨特的見解

如果你能定期發布專業文章，自然可以慢慢樹立自身的專業形象。但網路上有專業度的人非常多，若你能在專業度之餘再添加自己獨到的見解，則能比其他人再更跳上一階，被更多網友關注。

3. 成為意見領袖

當你能吸引一定數量的網友關注，你就會漸漸成為一位意見領袖，記者常常從網路上找新聞，特別是會追蹤網路上各領域意見領袖的發文，當你成爲意見領袖，你自然會得到許多免費的報導曝光。

經營自媒體除了自己就是一個發聲管道之外，一旦成為意見領

自媒體經營

 定期的PO專業文章

 要有自己獨特的見解

 成為意見領袖

袖還有機會額外得到許多新聞報導曝光，這可是一夕爆紅的最佳管道，但除了自媒體，要如何較為刻意地設計新聞媒體的曝光呢？這就是我們下一節要談的內容。

(72)議題策畫－新聞媒體八大最愛

有時候我們不能枯等新聞媒體來報導，要自己主動出擊，這時候就有賴兩大神器來協助我們與新聞媒體溝通，分別是「採訪通知」與「新聞稿」，這兩個的操作技巧我會陸續講到。但在製造議題之前，我們必須先瞭解新聞媒體最愛什麼？這其實是有跡可循的。

1. 與民生議題有關：與人民生活密切相關的問題，如食衣住行育樂、油價、天然氣、公共運輸工具票價……，自然會引起關注。

2. 與公共議題有關：由公眾政策有關的議題可能影響到公眾的生活，自然人民有知的權利。

3. 有趣、稀有：人都喜歡看有趣或稀有的事物，作為獵奇或消遣。

4. 唯一、第一：當事物是世界上「唯一」或「第一」的存在時，自然會引人注意。

5. 名人加持：名人動態或八卦本來就是市井小民茶餘飯後的話題，有名人加持的活動更容易吸引媒體採訪。

6. 3B 原則：BEAUTY（美女）、BABY（小嬰兒）、BEAST（寵物），人都喜歡美的、可愛的事物，透過這 3B 很容易就能吸引大家目光。

7. 獨特創意：前所未見的行為，也容易引人好奇。

8. 具話題性：像是帶有恐懼情緒、危及人民生命財產安全的議題與訊息。

當你想要操作新聞議題時，上列八種元素請至少有一種在你的新聞之中，才能大大增加媒體願意來採訪的機率。

(73) 議題操作八大注意事項

如果你已經打算請新聞媒體朋友來採訪了，我必須提醒你注意下面八個小細節，它們都是很重要，卻很容易被忽略，值得我再次強調的重點：

1. 議題在哪裡

很多人都會說：「我的活動很特別！」但是到底特別在哪裡？真的特別嗎？請你要邀請記者朋友時，自己一定要先想好一個夠強的新聞點，否則別怪採訪通知發出去卻總是沒有記者朋友願意來。

2. 不同媒體素材提供

不同的新聞媒體需要不同的素材，電視台要影片、平面要照片、網路要即時，你應該要事先分別準備好。而現場交遞應該採取最方便的方式，看是放隨身碟？燒光碟？或放雲端空間都可以，一切以讓對方方便為考量。

3. 活動所創造的效益（名或利）

有的時候請記者採訪並不是為了「利」，也就是直接性的消費。有時候是為了藉由這個採訪影片，產生一種第三方公證的感覺。像

我們常看到許多店家會在門口播放受訪片段給路人看，這就是達到了「名」的目的。

4. 延伸效益

還記得我前面有提過一個休旅車掛上金融大樓外牆的案例嗎？一個新聞的採訪可以是單一事件，也可以是連續事件，端看你怎麼設計，這個案例的新聞設計方法是：在大樓外牆赫然出現一台車是一則新聞，拆掉是一則新聞，之後向市長開了一個玩笑也是一則新聞，這就是一個相當成功連續新聞延伸效益的操作手法。

5. 注意平時與記者互動

平時不聯絡的朋友如果有天放帖子給你，你一定會不舒服。記者也是一樣，你把他當朋友，他就願意幫你，但你如果總是有事才求他，平時都不往來，這樣子他一定也會認為你在利用他，自然對你的印象會越來越差。

6. 切勿一直問記者何時刊登

一則新聞能不能登有時候真的不是記者能決定，真的沒登可能是被更上層給否決了，我們不應該給記者壓力，也切勿因為沒有刊出而對他們發脾氣，這些都是不受歡迎的行為。

7. 切勿一問三不知

記者提問時，基本活動資訊與特點一定要能清楚答出來，如果無法滿足記者需要的資訊，他們又怎麼有辦法為此寫一篇報導呢？

8. 畫面！畫面！畫面！

現在是畫面說話的時代，不管是圖片或影片，這些才是記者想要的，有了畫面才能大幅增加見刊的機會與篇幅。

議題操作注意事項

議題在哪裡

不同媒體素材提供

活動所創造的效益
（名、利）

延伸效益

注意平時與記者互動

切勿一直問記者何時刊登

切勿一問三不知

畫面！畫面！畫面！

(74)寫好新聞稿的五大秘訣

新聞稿是幫記者省事的最佳武器，新聞稿如果寫得好，不只記者愛用你寫的稿件，提高見刊機會，對活動訊息傳達也有加分的效果。以下便是我長年撰寫新聞稿整理出的五大秘訣：

1. 第一段不超過 150 字

因新聞版面有限，有時候無法全文上刊，所以記者只能刊一小段，因此你必須把第一段寫好，讓記者只憑第一段都可以完整傳達新聞重點。若第一段有寫好，當你不幸因為「稿擠」變成只有一小段的時候，你還是能把想要表達的東西完整呈現。

2.5W1H（who、why、what、when、where、how）

新聞最重要的就是：誰、何時、何地、何事、為什麼發生、如何發生的？除了這六點都要寫入之外，最重要的是第一段就必須要有這幾項元素。

3. 新聞稿 A4 就好

新聞稿不要超過一張 A4，大約 500~1000 字左右就好，有人可能會問：「怎麼寫這麼少？」沒錯，新聞稿本來就不用寫那麼多，寫得剛好記者才不需要花太多時間改稿，你自己可以觀察，現在報導超過 500 字的新聞有幾則？請記得，新聞稿不是寫故事，重點只要寫到了，也就不需要寫太長了。

4. 照片的圖說

發給記者的圖片，請將圖說也一併註明，讓每張圖片的人物事清清楚楚，減少記者作業的時間及誤植。

5. 圖檔的大小

當需要給圖片時，雜誌用的最好要給 1M 到 3M 大小的 jpg 檔，才有足夠的解析度。但如果是給報紙，可能 700~800K 大小的 jpg 檔就夠了，你給太大他反而還要幫你改小，增加作業困難。圖片大小的小細節，也會影響記者對你的觀感。為什麼我要以 jpg 檔的大小來衡量照片的大小呢？專業一些的人當然會以畫素或是 dpi 來衡量，但是大部分的人其實並不懂得去看畫素或 dpi，這時候用 jpg 檔的大小來說明，反而會是直觀的好溝通。

我一直在灌輸大家一個觀念，你要把自己想像成一個記者，如果你可以幫他把八成的事情都做好，他是不是更愛你，他更愛你是不是更願意幫你上稿。為什麼有的人的新聞稿記者不愛上，而我的稿記者總是很樂意幫忙，原因就在這，如果你能幫記者減輕越多的工作壓力，記者就越愛登你的稿。不然他每天收到那麼多新聞稿，他為什麼要幫一個不懂得體貼他們的人呢？

⑦⑤超完美下標三大原則

整理完新聞稿的內容工作還沒完，最重要的下標還沒有做，下標的好壞可是會影響一篇文章的生命，新聞下標必須符合下列三個原則：

1. 震撼聳動

將標題講得越與民眾息息相關越好，最好能塑造一些危機感，將

新聞稿範例

洗澡新體驗　○○邀您生活簡單有效率

　　知名男性沐浴清潔用品○○，4 日下午在紐約紐前廣場舉辦戶外洗澡活動，吸引了上百位的民眾參加，當中不乏情侶、學生及上班族。炎熱夏天在路邊公然洗澡，參與的民眾不但驚呼獻出自己路邊洗澡的「第一次」，洗完後清涼舒暢的感覺，更是炎炎夏日消暑的良方。

　　隨著夏天的到來，許多男性很容易就會滿頭大汗，不但怕約會時身上的汗臭味嚇走對方，身體黏答答的也很不舒服。為了解決男性朋友流汗後的困擾，○○「All in one 全效潔淨露」顛覆洗髮沐浴新概念，「洗髮精、洗面乳、沐浴乳」三效合一，兼顧「清潔、修護、保濕」面面俱到，免去男人瓶瓶罐罐麻煩，快速、方便、省時又省錢，洗頭、洗臉、洗身體，從頭到腳一瓶搞定！不但可以省去洗澡時間，洗完後肌膚清爽不緊繃，身體所散發出的香味還可讓約會時跟另一伴更加親密。

　　為了讓「被烤」了 3 天的考生也能消消暑，因此，○○特別在大學指考結束後，7 月 4 日下午選在人潮最多的紐約紐約廣場，邀請現場民眾親自體驗與分享洗完後的清涼與舒爽感。而參加試洗的民眾，除了沐浴用品外，也獲得了○○特製的限量潮 T，○○行銷副理○○表示：「活動中贈送設計款限量潮 T 跟產品，為的就是要跟民眾宣導生活簡單有效率的概念，希望透過這樣的概念，讓大家一起迎接消暑、減壓的歡樂假期。」

新聞聯絡人：○○○（單位名稱）　○○○（聯絡人姓名）
○○○（可以容易被找到的聯絡方式）

議題影響層面放大，才會引起廣泛地關注。

2. 引人好奇

善用懸念，在標題就勾起讀者的好奇想接著讀內文也是一個好方法，我們常看到記者會這樣下標「關於某某案，某某部長這樣說」，在標題故意不說完就是一個引人好奇的應用。

3. 簡單扼要，14 字內

基於網路的規則，你去看 Yahoo 等大型網站的新聞，標題都控制在 14 個字以內，因為網路新聞的規則是由系統程式先篩選第一遍，不管是標題或內文，只要字數過長便會不容易被選到，所以我才說 500~1000 字左右的新聞稿是最適合的長度。

⑰ 採訪通知的必備八點

對於「給記者」來說，是先發採訪通知，再給新聞稿，但對「執行方」來說，一定是先有新聞稿，再把新聞稿中的精華拉出來做成採訪通知。所以我們會先寫新聞稿，再寫採訪通知。而一份採訪通知必須載明下列八點，才算是完整的採訪通知：

1. 活動名稱、2. 活動特色、3. 出席貴賓、4. 活動時間
5. 活動地點、6. 活動流程、7. 注意事項、8. 聯絡方式

與新聞稿相同的道理，我剛剛強調，活動這麼多、採訪通知這麼多，記者為什麼要採訪你。當這麼多份採訪通知擺在記者眼前，

你下標越是聳動，內容越是簡潔有力、你的採訪通知就更容易被記者看見。我曾辦過一個皮蛋糕點的產品記者會，我怎麼讓記者注意到呢？我便在採訪通知上強調這是「世界首創唯一」的皮蛋糕點伴手禮，這才讓電視台產生興趣。

所以採訪通知字不必多，但一定要有重點，必須去想一些電視台會有興趣的哏跟畫面，他們才會注意到你。最後，當你寫完採訪通知該怎麼發給記者呢？很多人都苦無門路，其各家新聞單位幾乎都有專門收採訪通知的傳真機，上網一查都有詳盡的資料。所以當你寫完了採訪通知，不必客氣，大膽地將它傳出去吧！

接下來我向各位一一介紹電視、廣播、雜誌及報紙四大新聞媒體的作業生態，讓各位能更知道如何與他們合作。

⑦ 四大新聞媒體生態

【電視生態】

1. 新聞台一位記者一天做 2 ～ 3 則新聞

我們常誤以為記者很輕鬆，或者批評記者的新聞品質不佳，但是當整體生態逼著記者必須大量完成採訪產出新聞，這時候誰能幫記者節省時間，誰就越容易曝光。

2. 新聞跟著平面、網路走

電視記者常會看平面新聞或網路上當天或最近流行什麼跟進報導，所以如果你的議題也能搭配時下具話題的平面新聞或網路資訊走，相對要爭取曝光的機會就會更大。

採訪通知範例

○○○（單位名稱）採訪通知

配角變主角　應用鴨蛋烘出好味道

採訪通知

講到了聞名國際的美食 - 皮蛋、鹹鴨蛋，你會想到怎麼吃？皮蛋涼拌豆腐、泰式炸皮蛋、鹹鴨蛋配稀飯 ... 除了這些之外，其實，鴨蛋還有許多新吃法！

年節將至

12 月 23 日下午 2 點，於行政院農委會 1 樓公關室

烘焙達人將現場教學，分享**世界首創皮蛋糕點**

將皮蛋、鴨蛋做成精緻伴手禮

敬邀媒體朋友踴躍參加！

時　間	流　程
13：30 ～ 14：00	開放入場
14：00 ～ 14：05	OPEN
14：05 ～ 14：10	○○○（貴賓致詞）
14：10 ～ 14：15	○○○（貴賓致詞）
14：15 ～ 14：25	烘焙達人現場教學
14：25 ～ 14：30	ENDING
14：30 ～	媒體聯訪

新聞聯絡人：○○○（單位名稱）　○○○（聯絡人姓名）

○○○（可以容易被找到的聯絡方式）

3. 新聞截稿時間

電視記者截稿時間大約兩次，一次是中午 11 點之前、一次是下午 5 點左右，之後他們就必須趕回公司、做帶子、上稿，所以他們通常上午做一則，下午做一～兩則。如果我們要舉辦活動，就必須在這時間點之前把活動辦完，也讓記者採訪完，才能讓他們及時完成新聞。

4. 一定要有畫面

電視台就是需要畫面，當你請記者來到現場，請先想好你要給記者什麼有報導點的畫面，讓他們可以快速達成他們的任務。

當你要舉辦記者會，就是請給記者他們想要的，記者不是一天只跑你一則新聞，拖得冗長，對方就不想做了。因此最佳的記者會時間約在半小時至 45 分鐘之間完成，在短時間給足記者需要的新聞畫面，且讓他們在截稿時間前完成報導，減輕他們的負擔，記者往後自然樂意跑你發的新聞。

【廣播生態】

1. 找出適合的電台

還記得我說過電臺有分「大中小功率」，此外，還有音樂性頻道、綜合性頻道、新聞性頻道，請根據你的需求，來選擇要投放廣告的電台。

2. 找出適合的時段

不同時段有不同的受眾，上下班時間與深夜時間絕對會是不同的聽眾，請依你想打中的 TA 選擇時段。

3. 量多不等於質好

別迷信檔數，慎選優質的電台與節目才是精準投放廣告的關鍵。

4. 節目專訪越來越難

現在廣播越來越「廣告取向」，大多都是你必須有在電台下廣告他們才給你安排專訪。

5. 廣告生存戰（台呼、節目置入、口播）

廣播廣告有許多形式，整點報時、台呼、節目中提及置入或口播活動訊息都是廣播廣告呈現的手法。

6. 新聞截稿時間

電台新聞因只需要音訊，製作也相對簡單，有時甚至會直接錄電視的新聞音訊，而如果你要辦活動，建議在下午 4、5 點以前能完成採訪，對於廣播記者來講是最妥切的時間。

【雜誌生態】

1. 發行量僅供參考

紙本刊物發行量虛報已是一種慣用的伎倆，在購買廣告時對方提供的發行量數據只能僅供參考。

2. 大者恆大

目前各分類雜誌呈現發行量大者恆大的狀況，但大不一定就是最適合你的需求，要看你所行銷的產品、活動屬性以及預算，對症下藥的來選擇適合的雜誌。

3. 對症下藥

市面上雜誌非常多，剛剛有提到的對症下藥，但要如何選擇呢？

建議可以到網路書城或是書店先逛一輪，有時或許會有你意想不到的結果喔。

4. 新聞截稿時間

雜誌截稿週刊與月刊又有所不同，月刊截稿通常是發行日前七至十天。而週刊截稿通常是發行日前兩天，作業上通常是今天記者截稿，隔天審稿編排，當晚送印，後天出刊。所以如果希望舉辦的活動能上刊，就應該配合週刊的截稿時間，並提前溝通，好預留版面。

【報紙生態】

1. 各家報紙蘋果日報化

自 2003 年 5 月蘋果登台之後，用大量照片圖片打得各家報紙毫無招架之力，遂也讓報紙界漸漸興起一種「圖重於文」的風氣。

2. 深入報導

現在網路新聞講求快速，因此記者需要在很短的時間發稿，對於新聞議題本身著墨相對不深，相較於其他媒體，報紙更常針值得關注的某議題進行較為深入的報導。

3. 記者變動較少，地方記者的深耕

報紙記者相對於其他媒體較少有職務變動，而且搭配各地區皆有駐地記者，長期經營下更容易得到第一線的獨家消息。

4. 新聞截稿時間

報紙記者也差不多下午 4、5 點左右就必須截稿，同樣地有任何活動請儘量在這時間之前完成，超過 4、5 點後除非是非常重要的新聞才有換稿的可能，不然大多只是排上網路的即時新聞。

溝通小叮嚀

溝通力的三大內涵

本部分總結的溝通小叮嚀，無論是在對客戶溝通、用廣告對大眾溝通，或是對新聞媒體溝通，都須切記下面三大原則：

1. 製造話題

製造話題的前提是有共鳴，不論是客戶或者廣告受眾，當你從對方的角度出發，瞭解對方的需求，自然可以帶出對方有興趣的議題，從日常生活中引起話題。

2. 吸睛

不管是提案、廣告或新聞，在畫面上或者活動噱頭上務必要能抓住對象的目光，現在是個注意力被眾多媒體瓜分的時代，在傳播上，寧可適度誇張，也不可以有絲毫平淡。

3. 簡單明瞭

不管你想溝通什麼？想傳遞什麼訊息？請用精準 TA 聽得懂的語言，簡單而清楚地傳遞，還記得我在〈溝通力〉開場所說的第一個觀念嗎？溝通，就是要讓對方聽得懂。

從〈價值力〉、〈行銷力〉到〈溝通力〉依序講下來，大家是不是對於職場上各面向的生存技能有了深度的瞭解呢？要在職場上取勝，比其他競爭者搶得先機，這三力就像是三把利刃，用得好將

會幫你在職場與商場上無往不利。但是除了一味進攻之外，當遭受攻擊時該怎麼防守、怎麼化解呢？這就是本書最後一個部分要談的議題——「危機處理-解決力！」

第四章：

解決力

全身而退的危機處理

㊆最常見的五種錯誤危機處理情況

你知道你什麼時候會發生危機嗎？肯定是不知道的。正因為你不知道什麼時候會發生危機，所以它才恐怖。當危機發生時，如何妥善處理它，就考驗著每家公司的應變能力，好的危機處理能夠「大事化小、小事化無」。但失敗的危機處理反而會讓事件雪上加霜，以下就是五種很常看到錯誤方式：

1. 狀況外

我們常常看到有政府部門首長，負責業務出了什麼大事還要看了報紙才知道，當然會被質詢委員叮得滿頭包，也給人一種散漫失職的感覺。所以危機處理首忌一問三不知，什麼都不知道。

2. 前後／各單位說法兜不攏

會發生說法兜不攏這情況幾乎都是兩種原因。第一種，整群人都在狀況外，當然各自胡扯一通，牛頭不對馬嘴。另一種則表示這群人中有人說的不是事實，可能為了某些原因有人想說謊，才會造成矛盾。因此，在危機處理的時候，務必對內先統一釐清事情因果邏輯，以達到合理且不違背之前的發言。

3. 不一次講清楚，白的都講成黑的

很多單位在處理危機時生怕越說越錯，老是習慣不一口氣講清楚，明明沒事都變有事、小事都變大事。當年旅美球員王建民的婚

外情事件，在他接到記者求證電話後，自己就大動作召開記者會，一次把媒體會問的問題自己說清楚，之後媒體也再難有什麼操作。這就是媒體的習性，你越是想遮掩，媒體就越愛炒作，如果你自己全都爆光了，它們反而很難再有後續動作。

4. 善後慢半拍／沒誠意

危機處理應該是立刻果決地將事情都處理好，提出妥善合宜的作為，拖延、企圖推卸責任，或是杯水車薪的補償，都只會招致更大的反彈。

5. 無可奉告

我們最常聽到那些身陷風波的名人或單位發言人接受採訪時，只會像機器人一樣重複同一句：「對不起，無可奉告。」「謝謝，暫不回應。」他們可能一樣是怕說錯話，或者打算以不回話冷處理。但這樣只會正中媒體下懷，他們反而有更多的空間臆測，傳達了錯誤的資訊。

瞭解了以上五種錯誤方法後，要如何正確地處理危機呢？我們下一節繼續說明。

⑲危機處理－對內溝通四大流程

要避免犯上一節的五種錯誤，其實只需要做好兩件事：「對內溝通」與「對外發言」，接著兩節將一一說明。當危機發生時，第一步驟就是「對內溝通」，有四大流程：

危機最常出現

- 狀況外

- 前後/各單位 說法兜不攏

- 不一次講清楚，白的都講成黑的

- 善後慢半拍/沒誠意

- 無可奉告

1. 評估影響

　　首先一定要評估該事件是否會對品牌造成傷害？影響的層面有多嚴重、牽連有多廣泛？瞭解輿論的風向。

2. 立即承認

　　從評估後的影響，並瞭解事情的緣由後，我們應該勇於承擔己方應負之責任。

3. 制定策略：虛構／蓄意／疏忽

　　同時我們必須釐清，事件是己方人員故意造成的？一時疏忽造成的？或者是己方沒有出錯，是有心人士虛構、栽贓的。這三種我們都必須有應對之道，個別制定策略，可能是後續補償，也可能是蒐證提告。

4. 具體回應：瞭解消費者的期望

　　當受害群眾期望得到的回應或補償沒有被滿足，有巨大的落差時，反而會引起更激烈的反彈，小事變大事，我舉個真實案例。有次我朋友在燒肉店用餐，喝了杯綠茶覺得怪怪的，裡面好像有茶葉，吐出來一看，結果是一隻小蟑螂！

　　如果你是消費者，當下你會是什麼心情？一定覺得很氣，自己竟然吃到小蟑螂。這時候消費者會怎麼想？是不是會認為店家讓我吃到小蟑螂這麼噁心，最少應該要向我道歉，這餐就該店家招待了吧？這應該是一般人會有的思維。

　　但是那店家最後只是說：「我換一杯綠茶給你。」這種危機處理的補償就跟消費者的預期有落差，況且換一杯還不是同樣有蟑螂那壺的綠茶，這樣的補償根本沒有讓消費者感受到誠意。經過溝通店

危機處理-對內溝通

評估影響：是否對品牌造成傷害

立即承認

制定策略：虛構/蓄意/疏忽

具體回應：瞭解消費者的期望

家依然是這種沒有誠意的態度，最後搞得不歡而散，這家店不但損害的商譽，也損失了客人。這就是當補償與消費者有期待落差時，反而會造成火上澆油。

⑧危機處理－對外發言四大流程

當我們從團體內部先取得處理危機的共識之後，下一步自然是要統一對外發言說明，同樣有四大流程：

1. 對受害一方表達關懷之情

在談論具體作為與補償方案之前，切莫忘記先誠摯表達歉意，不要給人太過理性，公事公辦的感覺。

2. 簡單說明會採取哪些步驟調查和解決問題

在說明的時候，最好的情況就是有圖表整理，包含成因、處理流程、後續結果等，越是讓記者與民眾一目了然，他們越不容易曲解你的意思。

3. 指定專人調查，並簡單說明何時提供進度報告

指定專人解決問題，並明確指出在什麼時間前給出答案，用積極的作為，避免給人拖延、閃避之感。

4. 簡單說明採取的行動或保證不會發生進一步的傷害

如果已經能提出補償方案應該第一時間說明，進行安撫，避免民怨蔓延，並保證不犯相同的錯。

當危機發生時，我們從「內部」與「外部」來思考處理，會讓看似糾結難解的問題明朗許多，但是危機處理最可怕的難題，並不只在於「妥善處理」而是在「你根本沒有足夠的時間」妥善處理，跟時間賽跑，是處理危機最大的難題，也是我們下一節的內容。

⑧¹ 危機處理關鍵 60 分鐘

現在媒體速度非常地快，從你接到媒體詢問電話，到出來面對各家媒體的連線採訪，幾乎不會超過一個小時。你面對媒體的第一次接觸結果，幾乎就決定了民眾對這事件的大部分觀感。所以從發生到面對，這一小時就是危機處理的黃金時間，你最好平時就定好一個「危機應變流程」，以下就是我給你的「八大流程建議」，必須在危機發生的一小時內完成下面八個動作。

1. 緊急應變小組成立

由單位高階主管或相當層級人員組成，負責緊急危機事件應變措施之人員指揮、任務分配等調度事宜。

2. 瞭解危機如何發生

搞清楚眼前的危機是什麼，釐清危機的起因與影響，才能以此採取正確的行動。

3. 回報最新狀況

如果危機的起因與影響還不明朗，或者情勢仍在變化中，則必須指派專人收集資訊與輿情，確實掌握最新資訊。

4. 還有哪些未爆彈

從我方掌握到的情況對照內部資料，推想可能還有哪些外界尚不知情或尚未發生的潛在危機，我方應搶先在資訊暴露妥善處理，避免災情擴大。

5. 內部有哪些人才可解決問題

在瞭解、評估、掌握足夠資訊後，應變小組指揮者就該依職務與專長從企業內部委任適宜人選，明確劃分工作職掌，並列為第一優先專責處理。

6. 有哪些可落實的解決方案

處理危機的方法很多，依情況的責任歸屬、災情輕重、資訊揭露程度等，我方可以擬定「規避」、「轉移」、「減緩」、「承受」等解決方案，以維護公司的最大權益。

7. 擬訂策略

根據不同的對象我方應分別採取不同的對策。「對上級」應及時彙報事態，並請示回應方針；「對內部同仁」應迅速、準確地把事件的發生與應對統一佈達，使口徑一致；「對受害者」應誠懇道歉，給予同情和安慰，並提出補償；對「新聞媒體」應提供事實真相資訊，並表明態度，以達到控制輿情。

8. 統一發言

危機處理最忌諱窗口太多，每個人都說一種說法，明明沒事都變成有事，因此在完成前面所有流程後，最重要的關鍵就是讓一位發言人統一說明，以確保媒體不會接收到錯誤的資訊。

危機處理-對外發言

對受害的任一方表達關懷之情

簡單說明會採取哪些步驟調查和解決問題

指定專人調查，並簡單說明何時提供進度報告

簡單說明採取的行動或保證不會發生進一步的傷害

(82)緊急應變小組七大作為

前一節「關鍵 60 分鐘」在於時效性內的應變措施，而本節則要說明，除了第一時間應有的作為之外，「緊急應變小組」還應該在危機處理的後續有哪些必要作為：

1. 設置緊急應變單位，指定發言人

我們最常看到政府部門在發生公共議題重大事件時，會立刻成立一個「辦公室」用來統籌各部會解決問題。所以當企業同樣發生重大危機時，我們首要也是必須成立一個「專責單位」，有足夠的權限能跨部門協調任務，由各相關單位的重要成員組成，並指定一名發言人統一對外說明。

2. 確認事態與原因

面對任何危機第一要務都是理清脈絡，梳理清楚前因後果，確立事件現況與後續可能演變。

3. 對當事人及員工說明的指示情報

要說明事件狀況又必須分為「對內的員工」與「對外的當事人與社會大眾」，如同前面提過的，對外必須做到「表達關懷」、「調查說明」、「進度報告」與「承諾保證」。對內則必須做到「評估影響」、「立即承認」、「制定策略」與「具體回應」。

4. 聯絡主管機關

對內的主管機關可能是你的上層單位或者老闆。對外的主管機關，可能就是該事件相關的政府部門，當造成的危機屬於公眾大範

圍的損害時，主動報備，甚至合作提供資訊，都將影響主管機關的
處理態度。

5. 報導資料的準備

對應完當事人、員工與主管機關，最能影響輿論的媒體也是我們
不可忽略的，上一部分〈溝通力〉已經談論了許多媒體應對的技巧，
最主要的關鍵就是：「給媒體他們想要的，減少他們的麻煩。」所
以統一準備給媒體的報導素材，說明對己方有利的論證，也是一大
重要環節。

6. 討論具體解決方案

每逢危機發生，無論受害人、媒體或社會大眾都會相當注重後續
的補償方案，如之前所說，一個明顯讓各方感覺有誠意的補償是危
機滅火的要因。所以補償方案記得換位思考，甚至可私下進行民調
掌握大眾期望，切勿提出只有己方覺得優渥，卻讓各界不滿的方案。

7. 地方居民、股東、協力廠商的應對

比方說高雄氣爆案，案發的公司也是上市櫃公司，你的應變小
組就該思考如何對受災居民提出賠償？並且為防股東被不實資訊混
肴，是不是該申請停止交易？當公司發生危機，你平時配合的協力
廠商是否能及時安撫，表明自己能如期交貨，也避免上游供應商中
止供貨、急索款項，造成週轉不靈。危機處理小組就是要去思索危
機會對這三方造成什麼影響，你又該如何解決。

關鍵60分

緊急應變小組成立

瞭解危機如何發生

回報最新況狀

還有哪些未爆彈

內部有哪些人才可解決問題

有哪些可落實的解決方案

擬訂策略

統一發言

緊急應變小組該有...

- 設置緊急應變單位，指定發言人
- 對當事人及員工説明的指示情報
- 聯絡主管機關
- 確認事態與原因
- 報導資料的準備
- 討論具體解決方案
- 地方居民、股東、協力廠商的應對

㊙瞭解詳細狀況三大評估重點

前面幾節我一直提到必須「評估危機的狀況」，具體的作法可以從下面三大面向來著手：

1. 外溢效果

你必須知道這危機是你自己造成的？還是受到他人的牽連？主事者與受牽連者，民眾的觀感可大不同。當初李鵠、犁記等餅店就是受到了餿水油的牽連，這類的危機事件因自己也是受害者，民眾的信任度也較容易回復。

2. 回復效果

此處的回復效果乃是一專有名詞，指的是當危機發生時，你必須知道是不是大部分同類型廠商都一起出事。像當餿水油或塑化劑事件發生時，你必須知道除了你之外，有多少廠商都一樣遭殃？當事件影響層面越廣，整體的損害回復效果也越快。

3. 瞭解顧客／民眾心態

最重要的是，你必須知道當危害發生後，民眾是什麼態度，他們介意的程度？他們預期得到那些補償？只要能提出超乎民眾預期的補償方案，危機也有可能是公司一舉揚名逆轉勝的好機會！

瞭解詳細狀況做評估

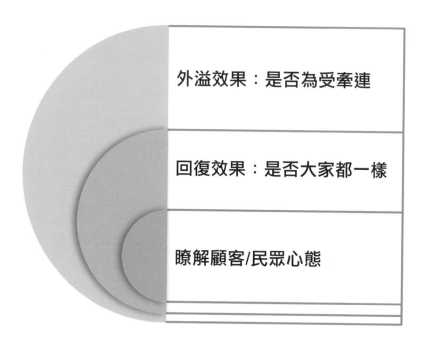

外溢效果：是否為受牽連

回復效果：是否大家都一樣

瞭解顧客/民眾心態

誠實的對外溝通

㉞處理危機兩大對象需求

當危機發生時，會給你壓力的人不外乎是上頭長官與外頭的媒體記者，所以最重要的便是滿足這兩大對象的需求。

【長官需求】

1. 大事化小

2. 小事化無

3. 設停損點

長官要的很簡單，他們只要危機安然度過，最好能像沒事一樣那最好。所以想辦法讓大事變小事、小事變沒事就是你的工作了，如果真的勢必會造成一些輿論上的波瀾，這時便要設定一個止血停損點，看是要讓某相關幹部下台或是提出從優的補償方案都可，總之必須要明確讓長官知道事情到此保證不會再擴大了。

【媒體需求】

1. 長官出面

2. 事件經過說清楚

3. 相關影響

4. 解決方案

媒體記者要的也不複雜，我舉個例子，曾經某縣市有個殺人犯

逃脫，當時記者就跑去問副分局長事情的來龍去脈，副座從頭到尾不斷重複「無可奉告、無可奉告。」卻偏偏記者問的最後兩個問題副座有稍稍鬆口。記者問：「副座，這問題嚴不嚴重。」副座回答：「應該不是太嚴重，我們會妥善處理。」記者又問：「逃走的犯人是什麼罪？」副座則如實回答：「殺人。」

結果隔天報紙見報，標題可怕了，上面寫著：「副分局長表示：殺人犯脫逃不嚴重。」想當然爾，之後一定又引起更大的風波。會變成這樣的情況，就是因為發言人沒有給媒體它們的要的，其實記者要的只是個說法，讓他們有一些內容可以報導事件的來龍去脈，完成他們的任務，這樣就夠了。你如果什麼都不說清楚，記者只好代替你說，在捕風捉影之下，見報往往只會比現況更可怕。

　　我常說：面對媒體時發言人不可以說謊話，但是有時候還真的有一些不能說的秘密，那怎麼辦呢？我建議，要在對的時間與場合講適切的話，才能真正在發生危機對外發言時，完美轉身，讓輿論平安落幕。

⑧⑤面對媒體三大要點

　　每當危機發生，所有企業或發言人無不視媒體為洪水猛獸，戒慎恐懼，但我處理過大大小小無數的企業危機，其實我敢肯定地說，沒有媒體會故意為難你，只要你做好下面的三大要點，搞不好它們還會幫你說話呢！

1. 對外窗口要統一

2. 判斷是否開記者會

3. 準備給記者的資料

　　統一窗口的必要性我之前已經提過了。至於該不該開記者會呢？則不一定是必要的行為，不是所有的危機都適合開記者會，你要去評估，現在的社會輿論氛圍或自己對情況的掌握度，是否已有具體的應對策略。有些時候情況不對或情況不明，你只需要派發言人簡單對外發言即可。資料準備不充足就貿然開記者會，有時候只會讓自己被媒體修理得更慘。

　　在〈溝通力〉部分，我也說明過記者朋友的工作非常繁重，你只要明白，他們只是想有效率地完成採訪報導，你只要幫他們把採訪資訊、新聞稿與報導素材都準備好，降低他們的工作量，無形之

中就為自己加了媒體印象分，或許他們便因此為你稍微平衡一下報導，小小貼心舉動就有機會改變報導風向，豈不是十分划算！

⑧緊急採訪通知載明要項

當你判斷需要開記者會時，自己也做好了因應策略，則越早召開越好，此時你需要的就是立刻擬定一份「緊急採訪通知」發給你所有的媒體管道。「緊急採訪通知」需載明的要項如下：

1. 事由

2. 出席人員

3. 時間

4. 地點

5. 注意事項

6. 聯絡方式

其實內容與之前辦活動發給記者的「採訪通知」大同小異，對照之後就會發現只是去掉了「活動名稱、特色與流程」。危機之後的記者會自然不用再精心包裝特色吸引記者參加。而且澄清記者會任務很單純，就是快狠準地說明事由與因應，通常不會超過30分鐘，有的才唸個聲明稿，5分鐘不到就結束了，自然也無須設計流程。發採訪通知並不難，你真正該注意的，應該是記者會上的注意事項。

❽危機說明記者會八大注意事項

1. 眼神要誠懇，穿著要樸素

我們最常看見每當有藝人出事鬧上社會版，或者需要出庭的時候，媒體往往都會把焦點放在他們穿什麼牌子的衣服、背什麼名牌的包包，要價多少錢等等，甚至列表統計一身行頭的價值，這些小地方的放大檢視都會造成社會大眾的反感。

2. 真心承認錯誤

如果真的犯錯，不管是他人牽連或自己一時不慎，有錯就認錯，切勿說謊或硬拗，現在社群網絡在面對不認錯的企業，反彈力量有時候大得難以想像。況且爆料無處不在，萬一說謊被揭穿，只會讓事情更難收拾。

3. 安撫被害者

面對受災者表達關切、慰問與同理心是最基本的處理步驟，我們常可以看到多少政治人物去勘災，面對受害者有時卻說出毫無同理心的慰問詞，反而會讓滅火變放火。

4. 掌握發言權，說明事實，且說的內容人家要聽懂

記者會的重要任務就是說明事件的前因後果，但有時候我們常常會遇到話越說越不清的情況。以浩 X 新藥解盲失敗為例，董事長不斷跳針這句：「解盲失敗但科學上是成功的。」也讓記者媒體與社會大眾有聽沒有懂。這時候線上流行的視覺化圖表製成的「懶人包」就是一種非常好的說明方式，如果時間來得及，建議可以製作說明懶人包在記者會上輔助使用。

5. 具體且有誠意地說明補償方案

　　一場危機事件說明記者會，民眾除了關注原因與後續影響，再者便是想知道會提出什麼補償方案，這也是記者會上不可忽略的環節。如之前所說，滿足民眾期望的補償，有時候不只可以大事化小，甚至反敗為勝都有可能。

6. 找出負責人

　　專案負責人，也該在記者會上點明，讓後續記者跟進有明確對象。

7. 說明未來改進計畫

　　除了補償方案，如何保證不再犯，企業將有那些防範措施，這將是讓社會大眾信任回復的重要訊息。

8. 觀察後續反應→媒體、被害者

　　記者會可不是開完就結束了，重點是必須整理各家媒體的報導立場與社會輿論風向，並且瞭解受害者對於補償方案的滿意程度，萬一以上皆不理想，甚至風波有擴大的局勢，則必須在停損點之前，再次召開新一波記者會，說明社會疑慮或提出更佳的補償方案。

❽面對麥克風的態度

　　很多人不懂得怎麼面對麥克風，萬一你不巧正是那個必須在記者會上面對媒體發言的人，其實只要掌握下面四個要訣，面對麥克風其實一點都不難：

1. 視若無睹

　　有的人習慣在演講時把底下的聽眾當空氣，其實面對麥克風也可

記者會注意事項

眼神要誠意 穿著要樸素	真心承認錯誤	安撫被害者
掌握發言權，說明事實 且說的內容人家要聽懂		具體且有誠意 說明補償方案
找出負責人	說明未來改進計畫	觀察後續反應 →媒體、被害者

以用上這招，你可以試著跟自己說眼前的麥克風並不存在，你只是在正常說話，也許可以讓緊張稍稍減退。

2. 神情嚴肅

說明危機事件的記者會自然不可以嬉皮笑臉，每一抹無心的微笑都可能被媒體拿來大作文章，但同時也要記著，嚴肅但不是表情不悅，臭臉也容易被放大檢視，過度解讀。

3. 充分準備

做好準備當然是最佳的方法，但你可能覺得危機的處理分秒必爭，哪還有時間準備與練習呢？這當然就是需要你平時就做好發言練習囉，在平時大大小小的發言場合，建議你有機會就爭取發言練膽，才有能耐面對突如其來的危機。

4. 冷靜面對

冷靜有時候自然不是想做就能做到的，如果容易緊張的朋友，我建議可以準備一張小抄，把想講的內容條列，當場就一條條逐項唸出，如同念聲明稿一樣，畢竟這是場危機事件的說明，不是個人演講比賽，能清楚傳達、避免失言才是最重要的。

(89)道歉後常見的四種失言原因

打開電視新聞，幾乎每天都有政治人物或藝人的失言新聞，每一次都讓失言者在民眾心中漸漸被扣分，但到底為什麼他們會這麼容易失言呢？我在此便整理了四種常見的失言原因與解決辦法：

1. 任性、沒耐心

解決辦法：深呼吸，再說話。避免在不耐煩的情緒上湧時脫口而出一些不當的發言。有些惡質媒體甚至以刺激受訪者為任務，在接受採訪時務必要小心。

2. 自以為是

解決辦法：站在對方的立場思考自己說出來的話。曾有民眾向政治人物陳情物價上漲「一個便當已經吃不飽」，但政治人物卻回他說：「一個便當吃不飽，你可以吃兩個。」這就是典型沒有將心比心的例子。

3. 過度緊張

解決辦法：前面提過可將關鍵字寫在紙條上先自我練習，降低失誤率。政壇上不乏因緊張而失言的例子，由學者轉戰政壇的陳建仁副總統就曾在辯論會上因引述資料錯誤，被對手猛攻，事後他則坦承是因為緊張而口誤。

4. 迎合對方

解決辦法：多傾聽對方的需求，保持自我立場。很多人不知道過度迎合對方也會失言，在職場上可能是馬屁拍到馬腿上，在危機處理上，可能因為過度畏懼輿論指責，經不起媒體追問就承認自己沒犯的錯，或者承諾自己做不到的補償，這也是另一種失言。

⑨ 發言人的真正功能

在本章最後一節，我想向各位說明發言人的功能，我常看到有些重大的記者說明會上，竟然是由企業最高領導人出面說明，這是非常不智的做法。

公司設置的發言人必須是公司有一定層級的主管幹部，但絕不建議是總經理或董事長等最高階級。因為你試想，最高的總經理或董事長如果親上火線發言，萬一不慎失言，那豈不是沒有轉圜的餘地。反之，如果只是中高階主管失言，更高的主管長官是不是還可以出面，表面上是更正發言人的錯誤，實則替公司解圍。

發言人其實是幫長官擋子彈的防火牆，甚至還可以測試輿論風向，說穿了發言人的發言一定都經過主管授意，當第一時間發言人的說明讓社會大眾不滿意，上級主管還有挽回的機會，這才是發言人的真正功能。

避險小叮嚀

危機溝通 5C

前面講了這麼多的危機處理要訣，如果你暫時無法活用，最後的避險小叮嚀，我建議你先將本節的 5 C 背起來，在危機發生時最少能有一些心法應對：

1. 關心 Care：表示對危機事件問題起因與後續的關心，並同情受到影響的人事物。

2. 承諾 Commitment：透過聲明（紙稿或記者會）和具體行動，承諾解決問題，並提出有誠意的補償方案。

3. 一致 Consistency：無論對內或對外的各種媒體上，企業所傳播的訊息必須相同一致的，不只統一發言窗口，還需要統一內容。

4. 連貫 Coherence：對外說明的企業立場與事件說法必須連貫，切勿隨意改變或者產生前後矛盾。

5. 清楚 Clarity：企業必須能清楚解釋危機發生的原因，並表明公司的處理態度與未來的改善方案。

先從 5C 著手，將它牢牢記在心裡後，面對各種危機時至少不會出現重大的處理失誤，是危機處理新手非常好用的綱要。

危機溝通5C

危機溝通五大原則與五大錯誤

在 5C 心法之後，我也濃縮了危機處理的五大原則讓你可以臨危不亂，以及五大絕不可觸碰的五大錯誤做法：

【五大原則】

1. **表示同情**：先對受害者表示慰問。

2. **責無旁貸**：應該扛起與承認的錯誤立刻承認致歉。

3. **承擔責任**：承諾給出適當的補償方案並咎責相關人員。

4. **儘速溝通**：對於媒體與社會大眾的疑慮儘速回應。

5. **考量法律**：有違反法律之事絕對秉公處理。

【五大錯誤】

1. **否認明確的事實**：切勿說謊硬拗，尤其是當證據充足之時。

2. **責難與抱怨**：切勿對內或對外一味責罵與抱怨，降低士氣、分化團結。

3. **雜亂無章**：切勿前言不對後語，說詞反覆。

4. **規避現實**：切勿拖延處理甚至避不出面，無助解決事情。

5. **無可奉告**：切勿三緘其口，清楚說明，釐清真相才是上策。

以上其實都在前文有詳盡說明，此處的總整理只是讓你在危機真的發生時，可以快速翻到此頁，用最短的時間回憶起處理的五要與五不要訣！

危機處理唯一解藥是「真」

有時危機的發生，能變相協助我們將沒有做好的事或被輕忽的事做得更好，像眾多的食安事件中，有些出事的環節往往是我們過去從未想到的，我們怎麼能想到原來「一紙檢驗合格證明書」還不夠，還需要搭配上游的原料管理才能有效把關，在黑心餿水油事件爆發之前，這是當時產官學各界都沒有人注意到的。

所以危機發生也是讓我們能將過往忽略的細節補強，不妨視為一種成長的機會，正面看待。在餿水油事件中犁記與李鵠兩家的百年餅店的遭遇讓人印象深刻，我以此當作危機處理全章節的總結：

1. 事件爆發

當新聞爆發，無數憤怒的民眾跑到門市包圍兩家老店，要求退費。甚至與店員發生口角、逼哭店員。

2. 調整退貨

李鵠餅店率先從寬認定只要憑發票或商品，即便是空盒子、空袋子都予以退費。犁記雖然一開始只針對有使用到問題油的單一品項「芝麻肉餅」退費，最終也放寬到允許全品項退費，且同樣從寬認定。

3. 重新出發

雖然李鵠與犁記從寬認定讓部分貪小便宜的民眾刻意一物多退造成損失，犁記甚至出現了退費八百萬元中僅有一張發票是芝麻肉餅的情況，但因企業的處理誠意讓全民看得見，媒體也開始出現一些平衡報導。一張犁記員工邊哭邊吃餅的照片更在網路上一天之內

被點閱超過 68 萬次，讓社會大眾的輿論快速從譴責轉為支持，不少民眾受訪皆表示之後仍願意支持這兩家餅店。

　　這兩家百年餅店在分別停業六天與十天後，退貨損失了上千萬元卻重新贏回了民眾的信任，直至今日，可以看到兩家百年餅店都安然度過了生涯中最大的風暴，繼續邁向下一個百年！這也就是我最後危機處理想跟大家分享的重要觀念。面對危機的時候，有些情況是你真的無法取巧去閃避或操作，這時你唯有真誠地去面對問題、解決問題，才是將危機迎刃而解的最快方法。

　　也許過程會很傷，甚至吃了一點虧，但有誠意的處理社會大眾是感受得出來的，台灣的社會風氣也普遍都是願意給一時犯錯的企業再次改過的機會。所以，請不要畏懼認錯，認錯才是重新站起來的最快方法！

　　全書學了這麼多職場生存竅門，都是我多年在職場上打滾練出來的，有些章節你可能覺得太過爾虞我詐、相互攻心，但這絕對不是我最終希望傳遞的價值。我可以用我多年來，從一個小職員到高階主管，再到一個略有所成的創業家的經歷向你保證，身為一位企業主或者是職場的一份子，無論是在與人溝通或處理危機，最終都還是必須回歸到一個「真」字！少了這個「真」，無論你有多麼通天的本事，絕對都是走不遠的。

　　有時候與人交往、與人合作，試著多些真誠，真的將對方當成朋友，為他們設想、為他們解決問題，這也是我這多年來凡事都能趨吉避凶，有貴人時時相助的處世秘訣。

　　請你永遠要記得，你有多「真」，你的路就有多長遠，這也才是你的「真」價值！與你共勉之。

國家圖書館出版品預行編目 (CIP) 資料

價值力 - 成功企業的四大關鍵武器 / 胡恒士作 . -- 初版 . -- 臺北市：
有故事 , 2016.09
　面；　公分
ISBN 978-986-93248-1-6(平裝)
1. 企業管理 2. 職場成功法

494.1　　　　　　105013555

價值力 - 成功企業的四大關鍵武器

作　　　者：胡恒士
責任主編：李洛克
封面設計：吳怡儂
發　行　人：邱文通
出 版 者：有故事股份有限公司
地　　　址：台北市信義區 11070 基隆路一段 178 號 3 樓
電　　　話：(02)2765-2000
傳　　　真：(02)2756-8879
電子郵件：ustory.service@gmail.com
公司網址：http://www.ustory.com.tw
製　　　版：鴻友印前數位整合股份有限公司
印　　　刷：鴻霖印刷傳媒股份有限公司
總 經 銷：大和書報圖書股份有限公司
電　　　話：(02)8990-2588

初版一刷：2016 年 9 月
定　　　價：320 元
I　S　B　N：978-986-93248-1-6 (平裝)